U0229381

心中时而泛起一丝想念，独特的味道，美好的过往，难舍的情谊……让文字治愈我们那共有的舌尖乡愁。

朱丹 著

老家味道 京津冀卷

河北出版传媒集团

河北教育出版社

目录

焦圈儿豆汁儿 『北京三嘴』之首 一

咯吱盒 比北京城历史更悠久 一一

京城宫廷甜点 皇家与市井味共存 二〇

老北京炸酱面 粗犷而不失浪漫的京味 三一

卤煮和炒肝 化腐朽为神奇的小吃 四〇

炸灌肠和熘肥肠 各有风味的油制美食 五〇

炸香椿鱼儿 色香味俱全的时令菜 六〇

吉祥四糕 映射了承德人的淳朴 七〇

金丝杂面和宫面 以细见长的独特风味 八〇

驴肉火烧 香味绵长意更浓 九〇

迁西的板栗 天寒时的甜蜜期盼 九九

干烧鲳鱼 秦皇岛的宴客当家菜 一〇九

碗坨 粗粮细吃的极佳典范 一一九

莜面和山药鱼儿 独特的『三生三熟』 一二八

炒青虾仁和清炒虾仁 『鲜』得至善至美 一三八

俄式沙拉 延续上百年的异国之缘 一四八

熟梨糕、糕干和绿豆糕　地道的天津风味　一五七

天津三鲜饺子　深入心髓，无法割舍　一六七

捞　面　喜庆之时从不缺席　一七七

河蟹和海蟹　盛宴中的终极大菜　一八七

津味羊汤　补充元气的绝佳选择　一九六

罾蹦鲤鱼　带鳞活鱼的大胆创新　二〇五

自成一派的酱　统领天津卫的调味大将　二一四

焦圈儿豆汁儿
『北京三嘴』之首

如果单吃焦圈儿就须喝豆汁儿，这种传统的吃法必须配切得极细的酱菜，一般夏天用苤蓝。有条件的话也可用老咸水芥切成细丝，拌上辣椒油，越辣越有滋味，解腻又开胃。听说吃焦圈儿豆汁儿当属北京的老磁器口豆汁店和护国寺小吃店的最地道，焦圈儿的焦脆和豆汁儿的酸味相互融合，配着酱黄瓜、八宝菜、酱萝卜、水疙瘩丝等小菜，受到了一代又一代北京人的喜爱，也是属于北京人的专利。

清朝杨米人的《都门竹枝词》中曾这样描写京城的吃食："日斜戏散归何处？宴乐居同六和居。三大钱儿买甜花，切糕鬼腿闹喳喳。清晨一碗甜浆粥，才吃茶汤又面茶。凉果炸糕糖耳朵，吊炉烧饼艾窝窝。又子火烧刚买得，又听硬面叫饽饽。烧卖馄饨列满盘，新添挂粉好汤圆。爆肚油肝香灌肠，木须黄菜片儿汤。"相传北京有几百种小吃，单这几句词里就又是茶汤又是炸糕，又是爆肚又是灌肠的，是不是羡慕北京人的好口福？

天津的早餐五花八门，有"早点王国"之称，且有一套标配——豆浆油条。在老北京，也有一套早餐标配，那就是焦圈儿豆汁儿。北京人是"豆汁儿嘴""老米嘴""卤虾嘴"，这就是所谓的"北京三嘴"，豆汁儿又排名第一，这足见豆汁儿在老北京人心目中的地位。单看字面，两套早餐是不是有点儿类似？而且看着原料都差不多，其实很多年前我第一次吃焦圈儿豆汁儿，就被"骗"了。

每个国家都有它独特的但富有争议的食物，像我们的臭豆腐、东南亚的榴梿、西方的芝士，喜欢的人一见倾心，不喜欢的人闻了都恶心。豆汁儿大概也应该归为这一类吧。

从制作工艺上看，豆汁儿实际上是制作绿豆淀粉或粉丝的"下脚料"——"糟粕居然可作粥，老浆风味论稀稠。无分男女齐来坐，适口酸盐各一瓯。"这说的就是豆汁儿。

我们平时喝的豆浆是淡黄色的，豆渣都过滤了，比较清澈，喝起来有淡淡的清香，把油条蘸上豆浆放在嘴里，酥脆中又带有浓浓的豆香，可解油腻，非常清爽。而豆汁儿就是另一种做法了。豆汁儿是以绿豆为原料，将淀粉滤出制作粉条等食品后的剩余残渣进行发酵而产生的。第一次喝的时候，虽然看着这碗灰绿色的液体，我心生疑虑，但心理建设还是当它是豆浆，结果一喝就差点儿吐了，谁也想不到是这么个味道！是个什么味儿呢？还挺难形容，大概是源于绿豆发酵吧，所以是一股酸臭味。不爱喝的人觉得像泔水，爱喝的人把它形容为酸中带香，越喝越带劲儿，这种酸香也让喜爱它的人越喝越上瘾。

有人说豆汁儿是"得味在酸咸之外，食者自知，可谓精妙绝伦"，形容得十分到位。

北京人有多爱它呢？有一次，我去北京和一个朋友相约看画展，路过梅兰芳故居时他告诉我，梅先生以前就酷爱豆汁儿，每天下午都让家里的下人去外面打一大锅豆汁儿回来，且风雨无阻，全家老少每人都要喝一碗。他还说起以前老北京有一则笑话：朝阳门外营房的旗人都聚在街头痛哭流涕，路人问之，哭者愈痛，说："豆汁儿房都关了张，岂不要了性命？"真是难为北京人对豆汁儿的一片"吃情"了。

听说在北京，会吃的人还把豆汁儿买回家，把吃剩下的老米饭加到豆汁儿里一起熬煮，变成一锅豆汁儿粥，配上家里做的小菜，也是一道老北京独特的小吃。

比起豆汁儿，焦圈儿焦香诱人，金黄酥脆，是所有人都爱的油炸面食。焦圈儿又称"小油鬼儿"，做法据说是从清宫的御膳房里传出来的。它的大小似手镯，外观又类似洋葱圈儿，是豆汁儿的最佳搭档。北京人也爱用烧饼夹焦圈儿吃，讲究的人用的是马蹄烧饼，配的是甜豆浆，类似于天津的大饼夹藕夹、茄夹。据说北京南来顺饭庄里曾有个"焦圈儿俊王"，他的技艺无人能及，炸出的焦圈儿个个棕黄，大小一样，稍碰即碎，绝无硬艮的感觉，常常供不应求。

如果单吃焦圈儿就须喝豆汁儿，这种传统的吃法必须配切得极细的酱菜，一般夏天用苤蓝。有条件的话也可用老咸水芥切成细丝，拌上辣椒油，越辣越有滋味，解腻又开胃。听说吃焦圈儿豆汁儿当属北京的老磁器口豆汁店和护国寺小吃店的最地道，焦圈儿的焦脆和豆汁儿的酸味相互融合，配着酱黄瓜、八宝菜、酱萝卜、水疙瘩丝等小菜，受到了一代又一代北京人的喜爱，也是属于北京人的专利。

前两天，我那位北京朋友听说我要写焦圈儿豆汁儿，特意在半夜发过来一条语音消息："在我们北京有一种说法是：给陌生人灌一大碗豆汁儿，骂街的准是外地人，大喊要焦圈儿的，得，这准是老北京人哪！"

ﾐ∽ 寻味记事 ∽ﾐ

梁实秋先生曾写过一篇散文《豆汁儿》，说就是在北平，喝豆汁儿的人也是以北平城里的人为限，城外乡间没有人喝豆汁儿，制作豆汁儿的原料本是用以喂猪的。但是这种原料，加水熬煮，却成了城里人个个欢喜的食物，而且这与阶级无关。卖力气的苦哈哈，一脸渍泥儿，坐小板凳儿，围着豆汁儿挑子，啃大饼卷豆腐丝儿，喝豆汁儿，就咸菜儿，自得其乐。府门头儿的姑娘、哥儿们，不便在街头巷尾公开露面，和穷苦的平民混在一起喝豆汁儿，也会派底下人或者老妈子拿砂锅去买回家里重新加热大喝特喝。

梁实秋后来去济南和台湾到处寻找豆汁儿，无奈在济南喝的是豆浆，在台湾喝的像乌糟糟的麦片粥。估计不论豆汁儿是否正宗，梁先生的心里都会腾起缕缕乡愁吧。

人和食物的关系其实真的很玄妙，想起那种味道就会想起过往或想起某一地、某一人。比如有的人一提起豆汁儿就魂牵梦绕地想念家乡，有的人却感时伤怀、睹物思人。

　　我的北京朋友老汪就是一个"睹豆汁儿思人"的家伙。豆汁儿虽然貌不惊人，老汪思的人却倾国倾城。他和他前女友是高中同班同学，人家姑娘还是校花，在全校追求者众多，但姑娘一心扑在学业上，谁的求爱信都没接过。

　　老汪和姑娘是前后桌，自然对她也心生爱慕，有事没事就爱和姑娘聊天儿，仗着自己理科好，还总给她答疑解惑，后来渐渐得知人家的理想是大学里学日语，然后去日本留学，并且定居。老汪学习成绩不错，北京人又有着得天独厚的优势，所以上个北大清华的一点儿问题都没有，老师和父母都对他一百万个放心。可谁也没想到，老汪高考报志愿时，偷着填了北二外为第一志愿，差点儿没把他妈气死。

　　结果老汪如愿以偿地和姑娘又成了同班同学，一起攻读日语专业，但"舆论"甚嚣尘上，一个男人能为你做到这个分儿上你还不感动吗？不知道是无奈还是真的被打动了，总之姑娘和老汪众望所归地成了情侣。老汪也觉得能得此一佳人，其他的已经无欲无求了。

　　俩人家庭条件都很一般，每人每月生活费就500块钱，除了吃饭买书，连星巴克都去不起。老汪说，俩人最常喝的就是豆汁儿，就是距龙潭湖不远的老磁器口的那家店。那会儿，店很破旧、很小，瓷碗总是这磕一块儿那碰一块儿的。俩人总是守着两碗豆汁儿聊天儿，店里人来人往，充满了市井气息和人情味儿，老汪总是不由自主地想，想和坐在对面的人喝一辈子的豆汁儿。

大学四年来他们一直计划着去日本留学，没想到临近毕业，姑娘却提出了分手，她要跟一个老外结婚，移民美国。老汪为了姑娘放弃了自己的理想，却没想到，人家的理想是如此的现实。

临走时，姑娘留下一句话："老汪，其实你从来没有问过我到底爱不爱喝豆汁儿。"

老汪后来才明白过来，一厢情愿的爱其实也是绑架，她不但不爱喝豆汁儿，其实也不爱老汪。

现在的老汪自己开了家广告公司，自身条件已经今非昔比，但没事还是爱去龙潭湖附近那家店喝豆汁儿。店好像是装修了，面积也大了，碗也都换成新的了，还是那么多人，但老伙计都不在了。时过境迁，老汪说连他自己都变了，只有这豆汁儿的味儿没变。他说不怪姑娘，其实心里早就放下了，他只是想再找一个真心爱喝豆汁儿的人，和他一起柴米油盐过一辈子。

焦圈儿豆汁儿

焦圈儿又称「小油鬼儿」，它的大小似手镯，外观又类似洋葱圈儿，是豆汁儿的最佳搭档。

焦圈儿的做法

食材：面粉、碱面、无铅泡打粉、盐、食用油。

1　将面粉、碱面、泡打粉、盐放在大盆中混合均匀，缓缓加入三四十度的温水，一边加水一边搅拌，直到能和成面团。然后少量多次倒入食用油，反复揉压成一个光滑滋润的面团。

2　盖上保鲜膜，饧发 2~3 个小时，最好每隔 1 个小时揉面一次。

3　面团饧好后，用擀面杖将其擀成长方形，用刀切成约 2 厘米宽的小长条，每两个面剂子相叠中间压一下。再用小刀在中间切一刀，但两边不能切通，稍连一点儿。轻轻扯开切口，形成面圈儿。

4　在锅内倒入适量油烧热，把面坯逐个放入，面坯在热油中很快就浮起来，立即用长筷子插入缝中，将其撑圆，就成了一个圆形的圈儿。待圈儿的两面都炸成枣红色时捞出即可。

豆汁儿 的 做法

食材：绿豆、水。

1 清洗干净的绿豆用适量的凉水浸泡十几个小时，待绿豆皮轻轻一捻就能掉下来的程度时捞出，去皮。

2 将去皮的绿豆磨浆，绿豆与水的比例要控制在1:3左右。反复磨成细浆后，经过过滤，去掉豆渣，分离出淀粉。将处理好的浆水倒入大缸或玻璃容器内发酵，夏天一般要发酵 12 个小时，冬天气温低时则要发酵 24 小时以上，直到浆水发出较浓烈的酸味。

3 经过沉淀后，去除上层的浆水和浮沫，沉底且质地比较浓稠的是生豆汁儿。

4 煮豆汁儿的方法：在锅中加入适量的冷水煮开，先倒入一部分生豆汁儿，当豆汁儿煮到快要溢出锅的时候，马上加入生豆汁，照此重复，将剩下的豆汁儿全部兑到锅中后，改小火保温即可。

小贴士

煮生豆汁儿时火不能大，太大就容易将豆汁儿煮成麻豆腐；也不能煮得滚开烂熟，保持豆汁儿微开，这样做出的豆汁儿才好吃。

咯吱盒

比北京城历史更悠久

> 把咯吱皮平铺，把咯吱馅儿料放上去，再盖上一层咯吱皮，将其按压紧实后，切成大小一致的条状或小方块。炒锅倒油，待油温到六成热时将咯吱盒放入锅中，调到旺火，急火快炸，这样才可以最大限度地保证咯吱盒酥脆不油腻的口感。

据说北京是世界第八大"美食之城"，其中小吃之多、之丰富也让人瞠目结舌。虽然我不是北京人，但因为天津离北京很近，北京的各种小吃美食我也能如数家珍。老北京人耳熟能详的小吃，如果让我总结，大概有十多种，包括驴打滚儿、艾窝窝、糖卷果、焦圈儿、豌豆黄、姜丝排叉、糖耳朵、馓子麻花、萨其马、糖火烧、豆馅儿烧饼等。还有一道小吃也许很多人都不知道，可我却一直很钟爱，那就是传说比这老北京城还古老的咯吱盒了。

据说咯吱盒伴随京杭大运河之生而生于运河源头的通州。京杭大运河通航后，贸易往来和食物搬运也日趋盛行，有的船员从山东带回了香酥可口的大煎饼，可时间长了它们便香脆尽失，口感皮踏踏的，没人再愿意吃。有聪明的人想到把煎饼卷起来切成小方块放在油锅里炸，居然能还原其以前的酥脆，口感甚至更佳，且放久了也不会变质，俗称咯吱盒。就这样，咯吱盒成了船员们的最爱，也自然在京杭大运河码头张家湾方圆数十里——京东一带的民间传开。

这么说来，咯吱盒和煎饼也属于同门，和繁华的船运往来有着千丝万缕的联系，煎饼馃子在天津兴旺发达也是因为码头工人们的刚需。

现在人们做咯吱盒可不仅仅是光把煎饼下油锅炸，而是在煎饼里加入了各式的馅儿料。在老北京，有咯吱和咯吱盒两种东西。咯吱就是所谓的煎饼，是一种用绿豆面为主做的副食品，在北京的一些老菜市场还能够买到，常常和豆制品摆放在一起。咯吱呈正方形，厚厚地摞在一起，外表金黄。咯吱不仅可以做咯吱盒，还可以直接切碎炒着食用，再加一些肉类、青菜，是不错的家常菜肴。

老北京人跟我说，他们小时候家里就会做咯吱盒吃，有的家里过年才炸一次。大人过年前两天就开始在家里忙活了，咯吱不是买现成的，而是自己家做。有的人家里直接将其切成长条状卷起来炸，还有的加了素馅儿或者肉馅儿炸。有人说咯吱盒像焦圈儿，其实它比焦圈儿更能维持酥脆的口感，而且这么多年过去了，它的滋味没有太大的改变。

过年的时候，有的老北京人家里会做上几大盆的咯吱盒，把上好的绿豆碾成粉，和白面调水成浆，上炉火摊成薄如蝉翼、形如满月的煎饼。每到初一，家里来的人多了，咯吱盒就派上了用场。因为过年的时候卖菜的也少了，蔬菜在家里也不好保鲜，吃咯吱盒就方便多了，家里来人了就炸一盘子咯吱盒出来，方便又美味。

老北京的很多小吃都能和宫廷御膳扯上关系，咯吱盒也有一段不可考的趣闻。传说一日慈禧太后到香山游玩，在山脚下一个民间餐馆（现在香山脚下还有这个餐馆），厨师做了这道小吃（当时还没有名字）给太后吃，太后吃了两口，太监按规矩要把菜端走，太后却因其味美，说道："搁着。"厨师立马下跪："谢太后赐名！"于是，这道小吃便被命名为"咯吱"，开始在民间流传。

其实咯吱盒不仅仅是老北京人的传统小吃，在我们天津也有这道美食，在武清区和蓟州区至今都能买得到。除此之外，蓟州区周边的宝坻区、遵化市、玉田县等京东地区，在咯吱盒的做法上也是一脉相承的，只是口感和形状上略有区别。于是有人对慈禧的典故颇有异议，认为北京的咯吱盒实为天津武清小吃"嘎吱（音gāzhī）合"的口音演变。北京人吃咯吱盒而不知何为咯吱，故出现西太后命名论。还有人说，天津武清人从前不知煎饼为何物，而管煎饼叫嘎吱，管摊煎饼叫摊嘎吱，天津市内则演变为嘎巴。闲来无事，看看民间对咯吱、煎饼、嘎巴的大讨论也很有趣，是不是？

炸咯吱盒历史悠久，做法也有很多，有一种做法据说是传承了御膳的传统手艺，内馅儿用的是胡萝卜。为了使胡萝卜的香气更加浓郁，要将胡萝卜提前擦成细丝，使它的受热面更大，然后再切碎。除了胡萝卜碎，还要准备软咯吱和香菜末儿，把软咯吱碾碎，和香菜末儿、胡萝卜碎均匀混合。提升咸香口感的秘诀是在馅儿料中加入食盐、花椒粉、淀粉、香油，增香提味。把咯吱皮平铺，把咯吱馅儿料放上去，再盖上一层咯吱皮，将其按压紧实后，切成大小一致的条状或小方块。炒锅倒油，待油温到六成热时将咯吱盒放入锅中，调到旺火，急火快炸，这样才可以最大限度地保证咯吱盒酥脆不油腻的口感。

有的人还喜欢更浓郁的味道，在炸制的时候用更加重口味的一半花生油一半香油掺起来炸。炸好的咯吱盒金黄诱人，加入胡萝卜的内馅儿，颜色鲜艳，入口酥脆，香气沁人肺腑。

∽ 寻味记事 ∽

第一次听说有炸咯吱盒这种北京小吃，是大学同学艳艳跟我说起的。不过她是山东人，可与她网恋的男朋友是北京人，确切地说是家住通州。

我大概是他们网恋从头至尾的见证人，因为他们在论坛上认识的那个晚上，我就坐在她的旁边。那会儿，我们刚上大一，对一切都觉得很新鲜，班上的男生少到吓人，于是我们成天在网上闲晃，希望能遇到有趣的人，艳艳就这么遇到了，而我没有。

他们互生好感是从聊《蓝宇》开始的，从小说聊到了电影，又从电影聊到了音乐，彼此情投意合，互加了QQ，互留了电话，然后短信就没有断过。那会儿，手机还不能上网，宿舍也没有网络，只能靠短信和每晚的电话沟通。艳艳是山东人，在天津上大学；她的男朋友小于是北京人，在广东上大学，但初恋的甜蜜取代了分隔异地的痛苦。

谈恋爱后的艳艳每天都在抄抄写写。开始我们以为她发愤图强在好好地学英语，准备一次性过四级呢，后来才发现，她居然在抄写两个人的短信内容。2003年，能用个彩屏手机就已经很不错了，内存也小得可怜，像他们这样频繁的短信联系，只一两个月手机内存就满了。可是那些"童言无忌"的甜言蜜语删了实在太可惜，于是艳艳就开始了大规模地抄短信行为，别看她课堂笔记没写几页纸，短信内容倒是记了好几本呢，让我们大吃一惊。

有一次，艳艳一边抄短信一边问我："你知道咯吱盒吗？"我说："啥？胳肢谁？"她就笑道："你一个天津人怎么连咯吱盒都不知道啊？离北京那么近。"她掏出手机给我看，原来小于发短信跟她聊起了家乡北京通州的小吃，顺便提到了他最喜欢的咯吱盒。这两个小吃货，光小吃就聊了好几页，可真行！嗯，把我都看饿了。

大四的那年春节，艳艳没有回山东过年，而是跟着小于回通州见家长。她很紧张，不知道在小于父母面前怎么表现才好。我们也嘱咐她到人家里要乖，要抢着刷碗干活，给人家留个好印象，并且时刻汇报情况。果然，在大年初一，她就给我发来了一条彩信，照片上是那么大一个盆，里面装满了油炸食物，下面是她注明的文字："嘿，妞，记得我跟你说过的炸咯吱盒吗，壮观吧？"哈哈哈，把我笑得啊，原来这个大盆里装的就是炸咯吱盒啊！金黄金黄的，好像还夹着馅儿呢，一定很好吃。

后来才听艳艳说起，咯吱盒在通州非常盛行，很多家庭都会做上好几十斤，留着过节的时候吃。小于家因为人丁兴旺，居然做了100斤，用好几个大盆来装，亲戚朋友来了还会送出去一部分，大家都抢着要，因为小于奶奶做得非常好吃。

汇报了咯吱盒的盛况，艳艳就没了消息，过了两天我忍不住问她："在人家里表现得怎么样？"艳艳说，咯吱盒太好吃了，自从她一口气吃了七八块后，小于家里人大概也瞧出来她是朴实厚道的姑娘，还都挺喜欢她的单纯可爱，所以对她非常好，甚至主动提出了俩人毕业后成家立业的问题。

从吃炸咯吱盒就能看出人的本性，这家人还挺有意思的。当然，他们的眼光可真是准。

大家一定想知道后来怎么样了吧？最近我们大学同学聚会也见到了艳艳，她和小于的儿子都上小学了，你们猜小宝贝最喜欢吃的是什么？

炸咯吱盒

炸好的咯吱盒金黄诱人，
加入胡萝卜的内馅儿颜色鲜艳，
入口酥脆，香气沁人肺腑。

炸咯吱盒 的 做法

食材:胡萝卜、土豆、一小碗肉馅儿、绿豆粉、面粉、
水、五香粉、鸡蛋、味精、食用油、盐、姜末儿、
白胡椒粉、芝麻油。

1 将胡萝卜、土豆擦成丝,拌入肉馅儿,加入盐、味精、
白胡椒粉、五香粉、姜末儿拌匀,最后加一点儿芝
麻油。

2 绿豆粉和面粉混合,比例为 3:1,加水搅拌均匀。
打进一个鸡蛋,继续搅拌。加入鸡蛋的面在摊咯吱
皮的时候边上会微微翘起,好翻面儿。

3 用油刷沾少许食用油,在锅中抹匀,防止摊皮的时
候粘锅。倒入面糊后,快速用锅勺将面糊转圈摊开。

4 两面摊熟后取出,然后把所有面糊都依次摊成咯
吱皮。

5 取一张咯吱皮平铺放好,把拌好的肉馅儿放在咯吱
皮上,四面留有一定的空隙。

6 再取第二张咯吱皮,盖在第一张咯吱皮和肉馅儿上,
将其按压平整。

7 先切去四边成正方形,再切成宽窄一致的条状。

8 炒锅放油,烧至六成热,放入切成长条状的咯吱盒,
炸成金黄色即可捞出食用。

京城宫廷甜点

皇家与市井味共存

芸豆卷色泽雪白，柔嫩细腻，从外形上看很像驴打滚儿。虽然都是卷，但芸豆卷则是从两边向中间卷，所以形似马蹄，口味甜中带沙。

豌豆黄色泽浅黄，口感细腻，入口即化。原材料其实很简单，主料就是豌豆，辅料是白糖和桂花。

果子干儿是早年北京人在冬季做的一款风味小吃，是由杏干儿、柿饼、鲜藕和葡萄干儿等制成的。

皇家与市井味共存，这是北京小吃有别于其他地方最显著的特点。清代的《都门竹枝词》中曾记载过这么一段话："三大钱儿买甜花，切糕鬼腿闹喳喳。清晨一碗甜浆粥，才吃茶汤又面茶。凉果炸糕糖耳朵，吊炉烧饼艾窝窝。又子火烧刚买得，又听硬面叫饽饽。烧卖馄饨列满盘，新添挂粉好汤圆……"描写的是街头的小吃，虽然廉价，但很多都来头不小，往上一掭，居然好多都出自宫廷御膳房。

对于外地人来讲，芸豆卷就不像驴打滚儿、豌豆黄那般知名，它的"身世"挺有意思：相传芸豆卷来自民间，一直是在街边售卖的糕点，被慈禧太后无意间发现了，她命人买到宫中品尝，居然非常合她胃口，于是就叫御膳房专门学来制作，芸豆卷摇身一变，镀了层金成了御前糕点。

芸豆卷色泽雪白，柔嫩细腻，从外形上看很像驴打滚儿。虽然都是卷，但芸豆卷则是从两边向中间卷，所以形似马蹄，口味甜中带沙。它的原料非常简单，主要是芸豆和豆沙，但工艺费时费工，要做得漂亮有卖相就非要下一番功夫不可。大白芸豆如何成泥，又如何成形，切成小卷后如何做到整齐，其中也蕴含了很多制作者的智慧。芸豆卷使用的都是天然食材，没有任何的添加剂，是纯天然的北京小吃。吃起来香甜凉爽，沙口清香，回味起来是浓郁的豆香。芸豆和豆沙相织相融，又层次分明，别致的口感让人回味无穷。如今芸豆卷可以在经营老北京菜的饭馆找到，而比较知名的是位于举世闻名的皇家行宫颐和园内的听鹂馆饭庄。北京听鹂馆饭庄制作的芸豆卷,曾在1997年被中国烹饪协会授予首届全国"中华名小吃"称号,位列老北京小吃十三绝,值得一试。

豌豆黄相传是和芸豆卷同时传入清宫的,受到吃惯了山珍海味的皇室成员的喜爱,因此必然有其特别之处和相似之处。豌豆黄色泽浅黄,口感细腻,入口即化。原材料其实很简单,主料就是豌豆,辅料是白糖和桂花。豌豆黄是时令小吃,豌豆要当季的才好吃,一般一开春豌豆就上市了,一直供应到春末。在我心目中,它属于香甜软嫩、百吃不腻的纯天然开胃小食品,将买来的豌豆黄放在冰箱里,吃起来会更加爽口。

不过要还原和提升豌豆本身的味道,则不要怕麻烦,也不要怕浪费钱。豌豆黄虽然价格不贵,但制作起来比较费时。首先要将豌豆洗净,挨个挑选、去皮,加入两倍的水,隔水上锅蒸熟。待豆子已经软了后,可以放到料理机里打成泥,然后加糖和桂花,放入锅中,再不厌其烦地搅拌翻炒,直到出现了纹路。那么,如何判断什么时候起锅呢?一位老师傅说,炒到末尾,可以用木板捞起做试验。如豆泥往下淌得很慢,淌下去的豆泥不是随即与锅中的豆泥相融合,而是逐渐形成一个堆,再逐渐与锅内的豆泥融合,俗称堆丝,即可起锅。把豆泥倒入四方的盒子里,在冰箱里冷藏一晚上,晶莹剔透的豌豆黄便大功告成。

正宗的豌豆黄会被切成菱形的小块，如此便呈现豌豆本身最纯粹的颜色，有果冻般的质地，清新诱人。

豌豆黄有两个版本，大饭店做的工艺会更加考究，能吃出豌豆和桂花的原香，因为没有添加色素，其色泽也比较纯净。而街头卖的豌豆黄，则不会那么注意细节，豆皮去除得会不完全，凝固后也会吃到碎的豆皮。有的人还会往里放一些大枣，枣的香甜会掩盖掉豌豆黄的不完美，味道上倒也还过得去。有的小摊贩为了节省成本，会少放豌豆，用琼脂作为凝固剂，这样口感就会比较粗糙，其差别一尝便知。

果子干儿跟皇族的关系相传缘于同治皇帝。据说他9岁那年偷着出宫，第一次在街头品尝到了酸甜冰凉的果子干儿，还想再吃一碗，结果被"抓"回了宫，这也让果子干儿名声大噪。《燕都小食品杂咏》中咏果子干儿的诗说："杏干柿饼镇坚冰，藕片切来又一层。劝尔多添三两碗，保君腹泻厕频登。"并注说："夏季之果干，系以杏干柿饼等浸水中，上层覆以藕片，食者不觉有腹泻之虞。"从中可以知道果子干儿的做法。

果子干儿是早年北京人在冬季做的一款风味小吃，是由杏干儿、柿饼、鲜藕和葡萄干儿等制成的。这些原料基本上都是保存时间长、产于秋冬季节，满足了过去的北京人想在冬天吃水果的需求。现在果子干儿已经没有时令的限制了，一年四季都能做。老北京的宫廷小吃其实都有共通之处，原料纯正无添加是一方面，且还有食补的功效。果子干儿也不例外，它的原料和做法浓缩了水果中的纤维和矿物质，无须添加额外的糖分，水果自身的酸甜度搭配没有味道的莲藕，滋味刚刚好。做好了放在密封罐里冷藏，随时拿出来吃就是一道不错的甜品。

⌇✿ 寻味记事 ✿⌇

　　天津离北京很近，我每个月都要去北京一两次，也曾到处寻找正宗的焦圈儿豆汁儿、卤煮、炒肝，但豌豆黄这样跟皇亲国戚沾过边的宫廷小吃，我大都是在我闺蜜晓园家里吃的。

　　晓园跟我是小学同学，打小就混在一起，玩洋娃娃、跳皮筋、组织班里的文艺活动……哪一项我们俩都没落下过。小学六年级时，我们一起挤在她家的小屋里看有线电视台播出的《大时代》和《包青天》。她爱死了刘青云和何家劲，一边翻着整本贴满了这两个明星贴纸的日记本，一边悄悄地告诉我："长大了，我要嫁一个特别帅的男人。"电视中放着片尾曲，窗外吹进来阵阵的清风，小姑娘将心事全部说给了我听。

　　后来我在天津上大学，晓园则离家去了北京。大学毕业后，晓园顺利地找到了一份不错的工作，很快认识了一个当地的男朋友。我去北京和他们匆匆见了一面，果不其然，是个帅得惊天动地的男人。没过俩月他们迅速地奉子成婚了，当时大家都为刚入职时的各种烦心事忧愁，只有晓园快快乐乐地在家待产。

没心没肺的晓园在女儿两岁的时候才知道老公的风流韵事，她又以最快的速度离婚，然后带着孩子回来了。

我去家里看她，她招呼我吃自己做的豌豆黄，女儿婉儿端着小碗瞪着大眼睛看了我一会儿，就埋头吃起来。豌豆黄晶莹剔透，吃起来凉丝丝的，口感颇为复古，配上她的乌龙茶，非常有趣。晓园看起来神采奕奕，我一肚子想劝她的话都随着豌豆黄咽进了肚子里。毕竟这么多年的朋友，她也读懂了我的心思，于是诚恳地告诉我："放心，我很好。"她又指了指盘子里最后一块菱形的豌豆黄说："我下一步想做这个。"

谁也没想到，晓园做无添加的北京手工小吃居然做出了名气，每天的订单都排得满满的。她说："有时候，失败的婚姻也不是一无是处，我就从中学会了振作，并且和婆婆学到了好手艺。"婚后的那两年多，因为想给女儿吃纯天然的食品，不想她的小肚子被垃圾食品占据，从不下厨的晓园开始跟着婆婆学做饭，豌豆黄、京式果脯、芸豆卷、奶油炸糕、果子干儿等地道小吃的做法也都一一学到了手。用最好的原料，坚持不添加其他成分，晓园做的东西不仅让婉儿吃得健康，也在市场上深受欢迎。

回到天津四年多，如今的晓园已经开了自己的工作室，婉儿也已经上了小学，她的励志故事也感染了身边的很多人。晓园还用自己的经验开办了亲子课堂，带着很多孩子和他们的父母一起制作纯天然的食品，一起感受那种纯粹和简单。

动笔之前，我专门给晓园打了一个电话，战战兢兢地问她能不能把她的故事写进书里，没想到她毫不在意，看来她已经强大到过去的是是非非已无法再伤害到她了。晓园现在还和婉儿的奶奶保持着联系，很多美食的做法也是请教这位北京老太太而得的。通过食物和情感的关联，我想她们的关系已经超越了普通的婆媳吧。

芸豆卷 豌豆黄 果子干儿

芸豆卷吃起来香甜凉爽，沙口清香；豌豆黄有果冻般的质地，清新诱人；果子干儿中水果自身的酸甜度搭配没有味道的莲藕，滋味刚刚好。

芸豆卷 的 做法

食材:白芸豆、白糖、水、红豆沙。

1 将白芸豆泡水一夜，除去外皮，放在蒸锅里蒸 30 分钟，直到熟透。

2 取出蒸熟的芸豆，放在料理机中打成泥，过筛，加入白糖。

3 把芸豆泥放入锅中，用小火熬煮并且不断搅拌，以避免锅底烧焦，煮至水分收干，豆泥变成豆沙后，熄火放凉备用。

4 将冷却的芸豆沙铺薄薄的一层在细纱布或保鲜膜上，再铺上一层红豆沙。将铺好的豆沙从两边向中间卷起，放入冰箱冷藏 1 小时后取出，将其切成 2 厘米见方的小块即可。

豌豆黄 的 做法

食材:豌豆、白糖、桂花、水。

1 豌豆泡水去皮后，加入两倍量的水继续泡 4 个小时左右，直到完全泡发。

2 把泡好的豌豆放在蒸锅隔水蒸 30 分钟，再将蒸好的豆子放入料理机加少量水打成非常细腻的泥。

3 将打好的豆泥倒入锅中，加入白糖和桂花。用小火不停地翻炒至出现明显纹路，且纹路不易消失。

4 拿出长方形的容器，在周围涂上黄油，把豌豆泥放入容器中抹平、冷却，待变成常温后，盖上盖子放入冰箱冷藏一夜，转天切成小块即可食用。

果子干儿的做法

食材:柿饼、杏干、莲藕、桂花。

1　莲藕去皮洗净切成片状,柿饼、杏干洗净备用。

2　锅中放入清水,大火烧沸后加入柿饼、杏干,转小火慢慢熬煮 30 分钟,使柿饼、杏干吸足水分,膨胀变大。

3　放入莲藕继续用小火煮,直到莲藕变得软糯时关火。

4　晾凉后放入冰箱冷藏,吃的时候加入桂花。

老北京炸酱面
粗犷而不失浪漫的京味

最正宗的炸酱面讲究的是酱，一半是黄酱，一半是甜面酱。炸酱的肉绝对不能用肉末儿，这可是忌讳，而要放指甲盖儿大小的半肥半瘦的猪肉丁，那吃起来才叫一个香！而更厉害的馆子还会在炸酱里放上猪油粒，嚼起来既有肉的软嫩多汁，还有猪油粒的脆香。

和天津人"借钱买海货，不算不会过"的任性、随性相比，北京人的食物可要精细复杂得多。就像北京人有着得天独厚的优势一样，北京菜也精于选料，讲究时令，烹调细致，又同时拥有考究的刀工、火候和调味，在大江南北的美食中永远占有一席之地。

天津和北京离得很近，有多近呢，坐高铁只要半个小时，这注定了两座城市之间在菜品上也是互通有无。除了首都最著名的北京烤鸭，在天津也能找到好多家老北京炸酱面馆。天津人对面条历来情有独钟，我曾特别提到过，我们过生日、结婚、姑爷节时，家家户户都会在家里大张旗鼓地吃捞面。有位天津老师有这样一句名言："一口面一口蒜，给个天仙都不换。"这或许是老北京炸酱面能在天津随处可见的原因。

讲究的老北京炸酱面，面条一定是手擀的，酱料有别于天津传统的炸酱面，天津人爱用甜面酱，而老北京人常用的是干黄酱。北京人爱讲排场，就这么一碗面也要吃出个惊天动地来——面条够宽，菜码够多，酱够咸香，面够筋道。小姑娘家胃口小，俩人分一碗面都根本吃不了。此外，各种家常小菜也是应有尽有，光是专门的拌面菜单列出来就有几十种，这吃的怎么能光是面，吃的绝对是感觉。

全国人民都爱往北京扎，逛逛故宫，看看升旗，转转王府井，大家都喜欢首都的大气随和。饿了想在皇城根儿底下享用地道实惠的一餐，选择一碗炸酱面绝对没错。美食家说，不要小瞧了这碗面，这面可是里里外外都透着北京菜粗犷而不失烂漫的精髓。据说，最正宗的炸酱面讲究的是酱，一半是黄酱，一半是甜面酱。炸酱的肉绝对不能用肉末儿，这可是忌讳，而要放指甲盖儿大小的半肥半瘦的猪肉丁，那吃起来才叫一个香！而更厉害的馆子还会在炸酱里放上猪油粒，嚼起来既有肉的软嫩多汁，还有猪油粒的脆香。这就和福建面非常相似，酱油膏炒面里放上猪肉和各种海鲜，最后浇上油渣，绝对能把面升华到一个全新的高度。中华美食博大精深，南来北往的菜品拼到最顶层，大概都有着惺惺相惜的一脉相承。

北京人没有不爱炸酱面的，大家喜欢去老北京炸酱面馆吃面，完全是因为伙计的"高门大嗓"。这里店门显眼儿，店堂豁亮，伙计一水儿的对襟衣裳，头上顶的是黑色瓜皮帽，脚上蹬的是黑布鞋。肩上也没闲着，一准儿搭着一条干净的白毛巾，心眼儿活泛，手脚利索，您这前脚刚一迈进大门槛，小二一声地动山摇的"客官里面请"，就给您定了神儿。

在大堂摆的是八仙桌子，长条凳是红漆实木的，装潢上的中式古朴才能和面相得益彰。听着不绝于耳的吆喝——"雅座伺候！""吃好了吗？您呐！""客官慢走！"，看着伙计们四平八稳地领客送面，其实吃的就是那份市井的热热闹闹，要的就是这种百年积淀下来的接地气。如果想清清静静地吃餐饭，或者和朋友安静地聊聊天，还可以去"东四牌楼""高梁桥""厂甸"这样的包间里歇着，看看四壁的名人字画，再想象一下半个多世纪以前这座城的神韵。

这里不像米其林餐厅那样在乎的是精致的卖相，人们在意的是气场和味道。面条必须手擀，要用上好的面粉手工揉和，就连煮面条也要加倍小心，因为煮出来不糙不烂方为上品。炸酱要用最正宗的六必居的干黄酱，用铁锅现炸出分量十足的五花肉丁，这种平易近人的肉香顿时就能让所有人敞开心扉，大快朵颐。根根"腰板儿"挺拔的面条往您面前这么一端，店小二把八九种菜码在桌上一字排开，什么豆芽菜、芹菜、青豆嘴儿、黄瓜、心里美萝卜、青蒜、大蒜、白菜丝等时令蔬菜一应俱全，还有豆浆、豆汁儿、糊塌子、芥末墩儿、果子干儿、炒麻豆腐这样的京城小吃任您点。不管您是干啥的，在这儿都拿您当爷。

撒上菜码拌上酱，热热乎乎地一搅和，如果不用豪迈的吃法大概都对不起这阵势。如此一番折腾，食客头上也冒了汗，胃里和心里都暖了许多，于是自言自语道："嘿，正宗的炸酱面，就是这个味儿！不爱上北京您都对不起这碗面！"

也许身为北京人，不管你愿意不愿意，总要活出那份精气神儿来。这座古老的城洗尽铅华，在一座座四合院深处，有着多少坚守着内心情怀的老北京们。他们做着最朴实的工作，和最平凡的食物打着交道，却看尽人世间的繁华，一碗面、一壶茶、一片萝卜、一把蒲扇，他们努力地活出一个不慌张、不附势、怡然自得的本我。

寻味记事

　　因为工作的原因，我在单位的新媒体上开了专栏，专门讲便当。我每周都要绞尽脑汁地想如何把尽可能多的菜色装进小小的便当盒里，既要摆拍好看，又要荤素搭配合理，更重要的是吃得有营养。我曾在专栏开篇语上写道：我做的便当偏日式，不同于一般人上学从家里带饭用的那种铝制饭盒装的普通菜色……写到这里，我突然想到我的一个初中同学，这个"不同于一般人"的说法一定不能包括她小时候，她当时中午带的饭应该就算是便当了吧，既好吃又好看，简直就是艺术品。

　　后来我才知道她爸是个厨子，还曾经在北京的一家老字号饭馆工作了很久。

　　她带饭颇为讲究，也不知道是她讲究还是她爸讲究。我们带饭几乎只用一个饭盒，左边菜右边饭，她带饭至少要两个饭盒，一盒装饭一盒装菜。菜品通常也是两三个起步，五颜六色，颇为壮观。有一段时间我和她坐前后桌，常常从后头参观她的饭盒，惊叹不已。她大概是习惯了，常常分我一些青椒塞肉、炸大虾、糖醋小排之类的"大菜"。无以为报的我总想和她分享一下我的饭菜，但是一看到我妈做的辣子土豆、西红柿炒鸡蛋什么的也就作罢了。

真正让她成为我们班"食神"的是我们上初二的一天，她带了一次老北京炸酱面。带过饭的80后应该都知道，一般我们中午拿饭，是由班上的男生去锅炉房抬回来那种大号的铁皮箱子，里面装满了各式各样的饭盒。正赶上她那天迟到了，饭盒就放在了箱子的最顶端，当大家还在讲台那儿排队取饭盒的时候，她自然已经吃了起来。

她桌子上居然摆满了饭盒，有一个大饭盒、七个小饭盒，大饭盒里装的是热气腾腾的面条，我们家一般吃扁形面，她吃的那种面却是圆形的。而小饭盒里除了其中一盒装的是炸酱外，其余的都是各色的菜码，我没记错的话，应该有黄瓜、豆芽、青豆、黄豆、芹菜和白菜。她也不顾别人的目光，独自慢悠悠地开始了吃炸酱面的"仪式"。

她先用筷子把面条挑开，然后不慌不忙地拿起小饭盒，一样一样地把菜码倒进去，最后再浇上炸酱，整个过程行云流水。她本来就瘦，长得还很标致，总之看着让人赏心悦目，连我一个女孩儿都看呆了。

我最后注意到的是她的炸酱，酱和油的比例非常完美，肥瘦相间的肉丁油汪汪地闪烁着诱人的光泽。我本来就饿，这一看更是勾起了馋虫，我咽了一口唾沫开始吃我的醋熘土豆丝和清炖排骨。想不通，同在一个屋檐下，为啥午饭的差别这么大！

那会儿我们已经看过周星驰的电影《食神》了，所以她的这个外号也不胫而走，很多外班的男生也蜂拥跑到我们班门口看她，一个美女居然因为一碗炸酱面而走红校园，她自己也不禁哑然失笑。

后来我才听她说，她家的炸酱面是老北京的做法，如果在北京吃正宗的炸酱面，菜码会更多更讲究，这也是她爸坚持给她带八个饭盒的原因吧，真是个执拗的美食家。毕业后，我们各奔东西，想去她家蹭饭的想法也随着岁月的流逝而烟消云散了。

炸酱面

北京人爱讲排场，就这么一碗面也要吃出个惊天动地来——面条够宽，菜码够多，酱够咸香，面够筋道。

炸酱面的 做法

食材: 面条、五花肉、黄豆、黄豆芽、大白菜、心里美萝卜、黄瓜、白萝卜、香椿芽、甜面酱、干黄酱、葱、料酒、生抽、老抽、食用油。

1. 首先制作菜码，黄豆用清水泡发，然后放入开水中煮熟，放在一旁备用；黄豆芽、芹菜和香椿芽处理好，放入热水中焯熟，备用；大白菜焯熟后切成丝备用；心里美萝卜、白萝卜、黄瓜去皮后切丝备用。将五花肉切成指甲盖儿大小的肉丁。

2. 炒锅上火倒油烧热，放葱段炒出香味，五花肉丁用中火煸炒，一是把水分逼走，二是为炒出猪油。再加一点儿料酒和生抽炒匀，去腥增香。最后将肉丁盛出备用。

3. 炸酱。提前把甜面酱和干黄酱按照1:1的比例在大碗中混合调匀，如果喜欢湿润的口感可以加一些水，喜欢干一点儿则不用加。此时锅内留热油，把混合好的酱放入锅中，炒出酱香来，再倒入炒好的五花肉丁。传统做法酱需要翻炒300次以上，因为酱越炒越香。最后把炸酱盛出备用。

4. 面条最好是家里的手擀面，如果嫌太费工夫可以买市场上的手擀面，面条以粗一点儿为好。煮面的时候可以放一点儿盐，水要多，防止粘连，点水不要超过三次，千万不要把面煮烂了，可以在快煮熟前尝一下，有嚼劲儿最好。

小贴士

将两种酱混合是因为黄酱干香，但是如果都用黄酱，就太干太咸了，搭配甜面酱正好。肉丁太肥太瘦都不好，用五花肉丁煸出油来，这样才香。

卤煮和炒肝

化腐朽为神奇的小吃

卤煮应该比我们天津的羊汤和羊杂营养更均衡一点儿，里面不仅有小肠、肺头、白肉，还有切成三角形的炸豆腐和火烧。其美味的关键就在于老汤了，所有的材料用锅里的老汤一浇，点上辣椒油、韭菜花、豆腐乳和蒜泥，配上北冰洋汽水，真是冬日里暖心、夏日里排汗，吃完浑身舒爽。

炒肝汤汁油亮，之所以呈酱红色和黏稠状，是因为加入了黄酱、酱油和淀粉，其汤汁鲜美的诀窍是放入了熟猪油和猪骨头汤，姜、八角、蒜、醋的加入则中和了内脏的腥气。

从空间角度看，饮食文化弥散于社会生活的每一个角落；而从时间维度看，它又延续在整个历史长河之中。这体现在各国饮食的千差万别：中国人不明白老外为啥喜欢臭臭的奶酪，而外国人则看不懂中国人饭桌上的动物内脏到底有啥可吃的。

前几年朋友们聚会，爱丽丝还没有随她的美国老公移民西雅图，我们一起在天津著名的麻辣香锅菜馆吃饭。一桌子人，两个大锅，里面装满了各种蔬菜、鱼丸、火腿、鸡鸭牛羊肉，当然还有大肠、肺片、骨髓、鸡胗，上面撒着绿油油的香菜。大家一边闻着香气，一边举着筷子，刚要下手，爱丽丝不好意思地叫停了我们，说因为她老公不喜欢内脏，所以能不能让他单独夹一些菜去别的桌吃？我们吃惊地看着她，心里的内心独白是：内脏多好吃，他真傻。偶尔在论坛上看到有人提这样的问题：为什么中国人那么爱吃内脏呢？看到评论里一致的"因为好吃呀！"——我这才放心。

提到老北京的地道小吃，我想怎么也不能不说卤煮。作为一道汉族传统菜，它起源于北京城南的南横街，其实所有的经典小吃都有一个规律，就是价格便宜，用料随处可见，但做法精细，可谓化腐朽为神奇。

说起卤煮的诞生，就必须要说它的前身"苏造肉"。它是由苏州人张东官在五花肉中加入丁香、官桂、甘草、砂仁、桂皮、蔻仁、肉桂等九味香料烹制出的一道肉菜。这九味香料按照春、夏、秋、冬四季的节气不同，用不同的数量配制。苏造肉后来名声大噪，其做法流入民间，据说河北三河有位姓赵的人和如今"小肠陈"的鼻祖陈玉田的祖父陈兆恩也一起卖过苏造肉。因为用五花肉煮制的苏造肉价格昂贵，所以他们就用猪头肉和猪下水代替。这些猪肉的边角料比起五花肉自然便宜不少，但味道满口脂香，更亲民，且滋味无穷。

卤煮应该比我们天津的羊汤和羊杂的营养更均衡一点儿，里面不仅有小肠、肺头、白肉，还有切成三角形的炸豆腐和火烧。其美味的关键就在于老汤了，所有的材料用锅里的老汤一浇，点上辣椒油、韭菜花、豆腐乳和蒜泥，配上北冰洋汽水，真是冬日里暖心、夏日里排汗，吃完浑身舒爽。

老北京最著名的卤煮应该就是"小肠陈"了。有时候去北京我会特意去吃上一碗，喜欢炸豆腐吸足了老汤的滋味，肠酥软，味厚而不腻，如果让我形容这整碗吃食的滋味，我想应该是四个字——咸鲜热闹。一个城市最有名的小吃品牌往往被外地人推崇备至，而当地人却并不买账，卤煮也是这样。如果你问北京人"小肠陈"，可能已经对他们没有吸引力了，他们会给你推荐更市井、更生活化的卤煮店，比如虎坊桥附近福州馆胡同的"凯琳"，重口代表——东四四条的"卤煮店"，清口代表——鼓楼以东的"万兴居褡裢粥店"。

和"小肠陈"一样，北京的炒肝也有自己的代表店铺——"姚记炒肝"。姚记的店铺位于北京什刹海鼓楼东侧，去过的人都知道这家店的店面不大，但招牌不小，一到接近饭点儿的时候，就会人头攒动，拥挤异常。

　　和卤煮相似，炒肝的原料也都是猪内脏。虽说叫炒肝，可其实猪肝脏只占了三分之一，主要是以猪肥肠为主。说到这里，不喜欢猪大肠有种特别气味的朋友，可能已经把这道小吃剔除掉了吧。其实把大肠处理好后，不但没有异味，还软烂多汁，这主要是先把猪肠用碱面和盐浸泡揉搓，用醋和清水反复洗净，然后用小火慢炖，使猪肠变软但保留了脂油，直到用筷子能把大肠扎透时即可将其捞出放入温水中，洗掉浮油，最后切成"顶针段"。所有的工序完成后，大肠便脱胎换骨，更符合普通人的口味了。

　　从菜色上看，炒肝就和卤煮截然不同。炒肝汤汁油亮，之所以呈酱红色和黏稠状，是因为加入了黄酱、酱油和淀粉，其汤汁鲜美的诀窍是放入了熟猪油和猪骨头汤，姜、八角、蒜、醋的加入则中和了内脏的腥气。炒肝有着肝香肠肥、味浓不腻、稀而不澥的特色。

　　老北京有句话叫"炒肝兑水——熬心又熬肺"，这既是在形容心情糟糕，又证明了炒肝在大家心中的地位，同时也道出了炒肝的来历——是由宋代民间小吃"熬肝"

和"炒肺"发展而来。过去一提炒肝，老北京人都知道最有名的当数鲜鱼口胡同的天兴居，但就史料看，其发源地应是天兴居斜对面的会仙居，1956年公私合营时这两家才合并。无论如何吃炒肝，万变不离其宗的都是：猪肠肥滑软烂，肝嫩鲜香，清淡不腻，醇厚味美。

❦ 寻味记事 ❦

如果没记错的话，我和辉仔最后一次见面是在2012年的冬天，我和他吃的最后一餐饭就是卤煮，是在北京前门的一家小店吃的。

辉仔是我的一个好朋友爱眉的大学同学。他出生在福建的一个小乡村里，祖上几代人都是以种茶为生，几乎很少下山。可辉仔跟他们不一样，他喜欢电影，喜欢文艺，也喜欢大城市的繁华。高三毕业后，他被北京的一所二流大学的艺术专业录取，开始了自己的寻梦之旅。

2010年夏天，天津的一个电影发烧友群体请来了一位作家播放他的独立电影，我们几个好朋友也在周末去看了这部电影。意料中的晦涩难懂，大家倒也习惯了，看完后又一起嘻嘻哈哈地去五大道的一家传统火锅店吃涮羊肉，其中就有辉仔。其实除了爱眉，在场的人他一个都不认识，可是他却操着非常不标准的普通话跟所有人都打成一片，大家都很喜欢这个健谈开朗的小伙子。

他听说我在报社工作后对我的职业非常感兴趣，问了我很多平时采访中的遭遇和遇到的好玩的事，他听得很认真，还留了我的电话和QQ。散伙后，辉仔和爱眉坐火车回到了北京，他们马上就要升入大四，找工作的事迫在眉睫。

一个月后，辉仔给我打来电话，询问我有没有在北京媒体实习的机会，他想试试。正好我同学的杂志社在招实习生，我便把他推荐了过去。此后，同学偶尔会发QQ消息告诉我，辉仔表现得不错，鬼点子不少，选题做得很专业，领导对他很满意。辉仔偶尔也会在微博上说起自己新的生活。还没到毕业，他就和这家杂志社签了合同，那天他还特地给我打来电话，表达了感谢。

我和朋友去北京的时候，也会给辉仔发个短信，他如果不出去采访，我们就会碰个面一起吃顿饭。每次他都说要带我们去前门的一家卤煮店吃正宗的老味卤煮，他说那老汤可谓举世无双，小肠入口即化，搞得我们每次都被勾起了馋虫。

虽然这几年大家见面的机会不多，但每天看他在社交软件上更新的动态，其实彼此都能知道对方的状况。辉仔就是一个特别爱发微博的人，每天去了哪里，见了谁，干了什么，吃了什么，他都会一一晒出来。其中卤煮出镜的频率非常高，每次看到有关卤煮的照片，我都要评论一句：什么时候带我们去吃？

　　没想到在2012年年底他才兑现了自己的"诺言"，那天我和爱眉在北京办事，于是就约辉仔一起吃饭，没想到他把我们约到了他常说起的那家老店。外面寒气逼人，我们俩转悠了两圈才找到那里，一进门就看到辉仔已经找好了座位。我们每人点了一碗卤煮和一个火烧，那味道跟辉仔形容的一样，这老汤果然了得。

　　然而比好吃的卤煮更让我震惊的是，辉仔说他已经辞职了，因为他要回老家帮父母经营茶园。我们这才恍然大悟，原来他是个富二代啊。他说了很多自己的不舍和无奈，他说不想离开北京，因为卤煮还没吃够呢。

　　只用两年的时间，辉仔便把自己的茶园做成了品牌，并成立了工作室。现在我们常常在微信上联络，能看到他朋友圈里晒的在厦门的工作室的样子，也常常会收到他寄来的大赤甘茶叶。朋友们都很有默契地不再询问他卤煮的事儿，就像不愿戳破别人的美梦一样。

卤 煮

豆腐吸足了老汤的滋味，
肠酥软，味厚而不腻。

卤煮火烧 ⓪ 做法

食材:猪骨汤、五花肉、猪肠、猪肺、盐、黄酒、醋、葱末儿、姜末儿、蒜末儿、豆豉、干黄酱、酱豆腐、八角、桂皮、花椒、香叶、陈皮、生抽、老抽、干辣椒、炸豆腐、烧饼。

1 将猪肠用盐、黄酒、醋反复揉搓抓洗干净,冷水下锅,约煮 30 分钟,撇去血沫儿捞出;将五花肉放入冷水中,约煮 5 分钟,撇去血沫儿捞出;再将猪肺放入冷水中,约煮 10 分钟,撇去血沫儿捞出。

2 葱姜蒜末儿下锅爆香,然后放入豆豉、干黄酱、酱豆腐、八角、桂皮、花椒、香叶、黄酒、陈皮、生抽、老抽、干辣椒翻炒,下入猪骨汤。用大火煮开锅后,依次放入切好的猪肠和猪肺等卤制入味,再加一勺蒜末儿一勺醋,最后放入炸豆腐。

3 将烧饼切小块,将卤浇在烧饼上即可。

炒肝 ⓪ 做法

食材:肥肠、猪肝、口蘑汤、猪骨汤、料酒、湿淀粉、老抽、生抽、盐、碱面、醋、糖、鸡精、花椒、八角、桂皮、小茴香、香叶、葱、姜、蒜。

1 把肥肠用碱面和盐揉搓,醋和清水反复清洗;猪肝用清水反复冲洗至无血污,切片备用。

2 在冷水中放入葱、姜、料酒、大肠,煮至八分熟,切成段备用;猪肝焯水后备用。

3 将肥肠放入锅中,加水、料酒、花椒、八角、桂皮、香叶、小茴香、葱、姜,小火煮 40 分钟,捞出肥肠,滤出汤备用。

4 在锅中倒入猪骨汤、口蘑汤、煮肥肠汤,煮开后加入猪肝、肥肠,再加老抽、生抽、盐、糖、鸡精调味,调入湿淀粉,煮成黏稠状,最后多撒些蒜末儿出锅。

炸灌肠和熘肥肠
各有风味的油制美食

　　老北京人会说，小时候吃的炸灌肠可是两个颜色，有粉红色还有透明色。粉红色是因为灌肠里加入了食品添加剂红曲，小孩子一般会因为颜色好看而选择红色。

　　作为一种对肥肠进行加工的方法，经过"熘"制成菜肴，也是肥肠最常见的烹饪方法之一，在很多京味餐馆或者日常家庭中都能找到它的踪影。

　　都说北京房价昂贵、交通拥挤、空气质量恶劣，可大家又不得不承认北京是一座来了就不想走的城市，更是一座非常包容的城市，让很多外地人在北京可以安居乐业，生活得幸福安逸。这里海纳百川，东西交融，无论是经济、文化，还是艺术、美食，都在这里融会贯通。

在饮食上，这里不管是民族的还是世界的，不管是什么菜系、何种流派，任何档次和风格的餐厅都能在北京拥有一席之地。我的很多同学就扎根在北京，虽然嘴上说着累，但仍旧享受着北京带给他们的各种机会和便利，我想这就是首都的魅力吧。

每个人心中都有不可替代的地标和"只此一家"的风景。自己家乡独有的名产，诱人的地道小吃，独有的民风民俗，历史上闻名遐迩的家乡名人，每个人心中都有对家乡独一无二的印记。无论你是在哪个城市长大，应该都有从小吃到大的食物吧，有时和味道无关，它却有着无法替代的感情藏在其间。很多在北京长大的人，都对炸灌肠有着超越食物范畴的情感，大概是源于他们对胡同生活的怀念吧。

有人可能会说，还以为炸灌肠是肉呢，原来是炸淀粉片啊。但对于老北京人，这吃的可是多年的情怀啊。有一次去北京，跟朋友一起排着队买炸灌肠，听见卖炸灌肠的大爷说起了这道小吃的历史：原来炸灌肠来源于满族的炸鹿尾儿，是一道宫廷菜。话说这满族人善射猎，爱吃野味，连相声段子《报菜名》里不也有蒸鹿尾儿嘛。不过随着历史的发展，很多鹿种都成为保护动物，鹿尾也不是能随便吃的。后来就逐渐演变成在猪大肠内灌入淀粉和碎肉，之后又改成加入面粉、红曲、丁香、豆蔻等多种原料做成"肉肠"，切成片炸制。清光绪年间，福兴居的灌肠在京城小有名气，福兴居的掌柜被称为"灌肠普"，传说他制作的灌肠为慈禧所喜爱。

老北京人会说，小时候吃的炸灌肠可是两个颜色，有粉红色还有透明色。粉红色是因为灌肠里加入了食品添加剂红曲，小孩子一般会因为颜色好看而选择红色。现在贩售的炸灌肠则更为简单，连红曲都没有了，直接就是用现成的绿豆淀粉和香料往猪肠里面灌注，还有的灌肠使用的是红薯淀粉和玉米淀粉。

不少人不喜欢外面的油炸食品，在家里制作炸灌肠也是个不错的选择。在北京，很多超市里就售卖现成的灌肠。买来的素灌肠呈透明色方块状，打开包装要把灌肠切成片。需要注意的是，灌肠要切得越薄越好，最好是每一片都一边稍薄一边稍厚，这样的话炸制出来会有一个优点：每一片都一边酥脆另一边软糯，放入嘴里会有不同的层次感，口感上会更加丰富，软中带脆。在煎锅中倒入玉米油，做的时候要注意用小火慢炸，煎至一面变得不透明再翻面，直到灌肠片略微发硬即可盛出，最后淋入调味料和蒜汁便可大功告成。

不过再怎么好吃，炸灌肠终究是素食，怎么也不如对真正的肥肠大快朵颐来得痛快。北京人好吃猪的肠子，像大肠、小肠、肠头都有不同的吃法。肥肠最肥，小肠最瘦，用来做菜最为大家所熟悉的应该就是熘肥肠了。作为一种对肥肠进行加工的方法，经过"熘"制成菜肴，也是肥肠最常见的烹饪方法之一，在很多京味餐馆或者日常家庭中都能找到它的踪影。

其实一般说肥肠指的就是大肠，这个部位是动物用于输送和运输食物的通道，所以非常有韧劲儿和嚼头，还富含脂肪，热量也不低。讨厌肥肠的人和肥肠的死忠党都大有人在，肥肠让人痴迷的地方大概是其浓郁的脂香和肥润的口感，而不喜欢的人则闻而畏之，望而却步。它的这种特质也真是让人欢喜让人忧愁，毕竟从饮食结构上看是不太健康的，建议大家偶尔吃一次过过嘴瘾就可以了。

如果不怕油腻，喜欢外脆里嫩的吃法，肥肠的至尊体验就是焦熘肥肠了。在入菜之前必须先把肥肠沾满淀粉用油炸一下，用大火炸至表皮金黄，肥肠里的油脂消耗大半即可出锅，然后再加入配料和调料翻炒。而事先不用过油炸的做法则是软熘，丰腴肥嫩，比起焦炸来口感上则另有一番天地。

一盘色香味俱全的熘肥肠看起来色泽棕红，油润光亮，鲜美可口，肥而不腻，总给人以愉悦感。北京人做肥肠总喜欢勾着厚厚的芡，四川人则更爱略清爽一点儿的辣子肥肠和尖椒肥肠。还有的人仿造肥肠的口感，把生面筋压成半厘米厚度的薄片，绑在木棍上在开水中定型，即可制成仿真的素版肥肠，再加入冬笋、香油、口蘑提鲜，味道上竟也与荤版有七八分的相似。

土生土长的北京人对饮食的要求非常纯粹，甚至比京剧还要纯粹，他们喜欢几十年甚至上百年不变的滋味，这应该都是北京人的口味之恋吧。

∽ 寻味记事 ∽

大大小小的胡同纵横交错，织成了荟萃万千的京城，韦闻的童年和青少年就是在北京胡同里度过的。

"弯弯曲曲的小胡同，有很多弯弯曲曲的故事。弯弯曲曲的小故事告诉我和你，每一座四合院都有一幅看不够的画。每一扇大门都关着一个猜不出的谜，都关着一个猜不出的谜。"每次韦闻和朋友们一起去唱歌，他都不乐意跟大家一起唱流行歌曲，有时逼得他没办法，就会慢慢悠悠地在点歌单里找一首儿歌《北京胡同》。有幸被他找到，他就会声情并茂地唱完整首歌，刚开始大家还不太适应，后来就慢慢地习惯了。韦闻的胡同里到底有什么秘密？这是我一直想问他的问题。

第一次吃炸灌肠也是韦闻带我们去的，很多人对北京小吃知之甚少，他便热心地张罗大家去姚记炒肝店，炒肝、芥末墩儿、卤煮、艾窝窝、豌豆黄、炸灌肠……点了满满一桌子，卤煮上了脸盆那么大一份，大家都举着筷子夹卤煮吃，只有韦闻一改往日的巧舌如簧，闷头对着一盘白花花的油炸点心发愣。我夹了一筷子放进嘴里，有豆香味道，酥酥脆脆的，一嚼"嘎吱嘎吱"响，味道似曾相识。我想了半天终于醒悟，如果浇上麻酱，还真有点儿像我们天津的油煎绿豆焖子。我问他："这是什么东西，焖子吗？"他叹了一口气，努力挤出一丝笑容来告诉我，这是炸灌肠。

后来和韦闻认识久了，才一点点得知他和炸灌肠的故事。

小时候他在胡同长大，一到夏天，家家夜不闭户，也不怕被别人偷，邻里关系也非常融洽。胡同里有个小姑娘叫双菱，比韦闻小一岁，父母离异，跟奶奶一起生活，妈妈远嫁美国，爸爸一赌气去了新疆工作，一年都很难回来一次。韦闻告诉我们，也许是因为家庭的变故，双菱打小就和别的孩子不一样，很少能卸下心防和大家一起开开心心地玩闹，总像藏着很多心事儿似的。她的小心思别人看不出来，只有韦闻上了心，小小的爱慕之情也在12岁的那个时候生根发芽。

"那会儿的爱恋真是纯粹啊，每天就想着能看她一眼就知足了。"30多岁的韦闻一想起儿时的时光，就呈现出一脸的呆萌状。双菱从小就爱吃炸灌肠，韦闻得知后就经常偷妈妈的零钱带着双菱去胡同口买来吃。只有这个时候双菱才会发自肺腑地笑，为了博她一笑，韦闻可没少挨揍。

　　说起来，那时候买炸灌肠的次数多到数不清，可它到底是什么滋味，韦闻却总是记不清，因为脑海里全被双菱的笑容占据。"不在乎吃什么，在乎的是跟谁吃。"这句话特别完美地诠释了他的经历。从12岁到18岁，两个人两小无猜地度过了6年，考上大学的那个夏天，韦闻终于对暗恋多年的姑娘表白了。

　　"后来呢？"我们好奇地问道。我猜测双菱肯定不是去新疆找爸爸了，就是去美国投奔妈妈了，要不就得了绝症了，总之没跟韦闻在一块，于是他抱憾终生。

　　"后来我们就真在一起了啊，平平淡淡地交往，手牵手吃炸灌肠，手牵手遛马路。后来胡同拆迁了，炸灌肠的小吃摊早就没了踪影，我们俩同时提出了分手。"韦闻说，有时候他还是很怀念儿时的光阴，想念胡同的生活。后来我细细回想，虽然韦闻总是提议吃炸灌肠，可是每次都是我们在吃，他根本不动筷子。看来，对食物的执迷已经无关乎味道，可能只是自我的救赎吧。

炸灌肠

每一片都一边酥脆另一边软糯，放入嘴里会有不同的层次感，口感上会更加丰富，软中带脆。

炸灌肠 的 做法

食材：成品灌肠、蒜、香油、食用油、盐、凉开水。

1　将蒜捣成蒜泥，然后在蒜泥中加盐和香油，用凉开水调匀做成蒜汁。将灌肠切成薄片备用。

2　在锅里倒入油加热，把灌肠片放入锅内用小火慢慢煎制，直到两面变成金黄色。

3　将煎好的灌肠放入盘中，把调好的蒜汁淋到上面，也可以蘸着蒜汁食用。

熘肥肠 的 做法

食材：肥肠、青红辣椒、水发冬菇、葱、姜、八角、酱油、醋、绍酒、花椒水、味精、盐、鸡汤、水淀粉。

1　肥肠若想没有异味，前期的处理非常重要。买来的猪大肠要整条翻过来，剔除掉内部的淋巴和一些零碎的脂肪，在清水中不断地反复冲洗。然后用盐和醋一遍一遍地冲洗大肠的内部。再把肥肠翻回来，加生粉、盐抓匀，洗净，反复两到三次。然后在冷水中放入处理好的猪大肠，和葱、姜、八角一起煮开。如果还觉得有异味，可以用酸菜水冲洗。还可以把大肠放入可乐中浸泡 1 小时左右，再用淘米水冲洗，洗掉可乐的味道，异味就去除了。

2　把煮好的大肠切成小段，将青红辣椒、冬菇切片，酱油、醋、花椒水、绍酒、味精、水淀粉、鸡汤兑成料汁。

3　锅中下油，待油六成热时倒入肥肠，放点盐，转中火慢慢煸干水分，然后滤干油盛出备用。

4　在油锅中放入葱、姜爆香，加青红辣椒片、冬菇片翻炒片刻，加入肥肠，将锅里所有材料煸炒一两分钟后，淋入料汁，快速翻匀，出锅即成。

炸香椿鱼儿
色香味俱全的时令菜

炸香椿鱼儿的原料十分简单，虽然每家的做法略有差异，但主材料总离不开香椿嫩芽以及面粉、淀粉和鸡蛋。

炸香椿鱼儿的时候，一定要心平气和，香椿入锅要一根一根地放，可不能图快，一口气都放进去，那样就会黏在一起，炸出来可就不好看了。

"春三月，此谓发陈。天地俱生，万物以荣……"作为早春上市的树生蔬菜，香椿在万物复苏的季节生长，乃当季时令菜。这是春气之应，养生之道也。

今年的春天来得格外早，也使得我在这个温暖的季节看了很多温暖的电影。很多人的爱好都是看电影，而我则另类了一点儿，最喜欢看的并非文艺片，也不是喜剧片，更不是爱情片，我最爱从头吃到尾的美食片。写这篇稿子的前几个月，我把在小清新美食界具有很高知名度的日本电影《小森林》的"夏秋篇"和"冬春篇"都补看了一下，导致自己饿得不轻。以前吃日本的天妇罗的时候，我就惊觉，任你是萝卜还是茄子，是青椒还是地瓜，日本人真的是什么都能裹上面糊炸上一炸。

而在《小森林》里，女主角更是疯狂，地里种的所有野菜，她也全都油炸了。我随便数了一下，她分别炸了红叶伞、延龄草、猪牙花、鹅掌草、白根葵、楤芽和荚果蕨，把它们薄薄地挂上一层面糊油炸后，面衣薄透，好像金色蚕丝，绿色蔬菜夹裹在面糊里清晰可见。屏幕上的这一盘子野菜天妇罗，我是越看越眼熟，越看越觉得我在哪里吃过，突然我就恍然大悟：这不就是我们家老邻居田奶奶给炸的香椿鱼儿吗？

一岁以前，我被邻居田奶奶照看过一段时间。我对学龄前的记忆已所剩无几，只记得七八岁的时候，田奶奶总是给我们家送她亲手做的炸香椿鱼儿，外皮金黄酥松，香椿碧绿脆嫩，香味特别突出。小朋友都喜欢油炸食品，我也不例外，所以总盼着田奶奶来敲门。儿时的我很是不解：为什么这种小吃我们家从来没做过？跟同学们谈起他们也是一个劲儿地摇头说没听说过。后来我才明白，原来炸香椿鱼儿是过去老北京人的一种家常菜，而田奶奶从小是在皇城根儿长大的。

我对香椿其实并不陌生，虽然天津人不会将它炸来吃，但香椿炒鸡蛋是春天津城里家家户户都会做的一道菜。炸香椿鱼儿用的原料是香椿芽，其实跟鱼一点儿关系都没有，因为炸制出来形似小黄鱼，故冠以此名，是不是多了一份俏皮感？因其色泽金黄、酥香可口、咸淡适中，此菜适宜做饮酒小菜或卷春饼食用。

别小看这小小的炸香椿鱼儿，这可是道时令菜，也是一道色香味俱全的汉族名菜，最早源于陕西的大荔县。北京人并不常常做这道菜，因为它应以谷雨前吃为最佳，必须吃早、吃鲜。而在谷雨后，香椿的纤维老化，口感也变差，营养价值自然也大打折扣。

和天妇罗薄薄的一层甚至单面的挂糊不同的是，炸香椿鱼儿裹的面糊要更为严实，事前制作的面糊也要适当浓稠一点儿。炸香椿鱼儿的原料十分简单，虽然每家的做法略有差异，但主材料总离不开香椿嫩芽以及面粉、淀粉和鸡蛋。

2007 年我去北京观看音乐节的演出，住在了大翔凤胡同四合院的亲戚家，这家的老太太是地道的北京人。某一天的早晨，我睡眼惺忪地起床去胡同口的公共厕所方便，身边就来来回回地穿梭着各种人力三轮车，他们拉着全国各地的游客参观。当时我脸还没洗呢，想想也是挺有意思的。

回到四合院，早餐已经摆上了桌，除了豆浆油条，居然还有一道老太太做的我已经很久没吃到的炸香椿鱼儿。当菜名被我脱口而出时，老太太也非常开心，像是我们共同认识一个老熟人一样，立刻亲近了起来，还一个劲儿地给我夹菜。我当时就想：瞧，这又是人和食物奇特的缘分吧！

但是出乎我意料的是，菜是同一种，味道却没有田奶奶做得好吃。我很好奇其中的差异，是不是回忆太美好导致味觉出现了变化？于是喝了口清水细细品味，原来面糊少了花椒粉的味道，所以也就失去了田奶奶炸香椿鱼儿的味道。敢情滋味也是有情怀的啊！

后来我也跟老太太请教炸香椿鱼儿的做法。她说其实每家做法不同的地方就是在面糊上，她喜欢用面粉和淀粉挂糊，一般而言，面粉和淀粉的比例为3:1，也就是三份面粉掺上一份玉米淀粉，而只用面粉会显得发干没有酥的感觉，可淀粉放多了会太硬。其实炸香椿鱼儿的面糊类似于软炸糊。炸香椿鱼儿时要把香椿梗的部位，也就是茎的较硬部位切掉一部分，这样吃起来口感才好，炸的时候也容易成形。"小姑娘，你回去炸香椿鱼儿的时候，一定要心平气和，香椿入锅要一根一根地放，可不能图快，一口气都放进去，那样就会黏在一起，炸出来可就不好看了。要炸得根根分明，金黄诱人，就跟日本人弄的那个天什么罗一样。"看吧，北京老太太懂得可真多。

因为香椿在特有的时节才会有，很多地方也把吃香椿称为吃春。对于我来说，炸香椿鱼儿不仅仅是一种食物，而且是被保存在岁月之中的生活记忆，永远难以忘怀。

∽ 寻味记事 ∽

　　我不到一岁的时候，因为家中人手不够，被田奶奶照顾了半年多。当时，我家住一楼，田奶奶住二楼，每天早上上班前我妈会把我抱上楼，然后递给田奶奶一个鸡蛋，算是我的午饭加餐，晚上下班后再把我接回家。田奶奶一个人住，老伴去世得早，她有一个儿子，很久没有回家了，听说大学毕业后就去了美国工作，连过年也不曾回家。

　　小时候我怎么会理解她的生活，只觉得她是一个蜗居的老太太，沉默、平和、干净，头发总是梳得一丝不苟。如今想来，田奶奶并不缺钱，她只是很寂寞吧。

　　因为婴儿时期和田奶奶的这段不太长的缘分，她总是觉得我和她很亲近，常常让我去她家玩。可是小朋友的心思都在外面的多彩世界和家中电视里的动画片上，于是待不了多久我就跑出去玩了。田奶奶也不强求，总是笑着往我手里塞块巧克力。

　　印象里，田奶奶家里总是特别干净，但因为家里人少，缺乏生活的气息。大挂钟兀自地响着，白色的猫咪在田奶奶怀里打着盹儿，腿上盖着毛毯的她坐在安乐椅上，木头桌子上一尘不染，一张报纸，一副金丝眼镜，还有一杯冒着热气的浓茶。她很少看电视，有时候听着收音机里的相声和评书，有时候翻看着一些老书，今天和明天没有什么两样。

只有田奶奶炸香椿鱼儿的时候，我才会在她家里待很久。春天刚露头，只要市面下来新鲜的香椿芽，她必然会买回来，经过我家的时候就会敲敲门，举着手中的菜篮子，像是对暗号一样，我就会屁颠屁颠地跟着田奶奶上楼蹭饭吃。

她做饭的时候也颇有仪式感，必须穿上已洗得发白的蓝色麻布围裙，戴上她的金丝眼镜。洗香椿的时候更是格外小心翼翼，一根根在水龙头底下冲洗很久，也不怕水凉，红绿相间的香椿叶浑身上下滚落着水珠，煞是好看。

田奶奶在厨房里忙，我则搬了个小板凳坐在一旁观看。洗好了香椿，她会在根部切上一刀，然后在大碗里打上两个鸡蛋，放上面粉、淀粉还有盐，动作缓慢而有条理，总是加一点儿面粉就要用筷子搅拌几下，防止面粉结团，却不曾洒落一点儿。我总是被她的手法所吸引，看来做饭也是带有强烈的人物性格的。

裹好面糊的香椿要放在油锅里炸制，用小火慢炸，才能把香椿炸透且还能保持外皮的金黄酥脆。炸制的过程我只记得开头而对收尾没有印象，想来或许是因为没等炸完我就已经忙不迭地吃起来，怎还顾得上田奶奶如何收拾残局？

她炸的香椿鱼儿有一股椒盐的味道，一定是在某一天她跟我说过，我才能想起她是在做面糊的过程中加入了花椒粉。味道融入了记忆，也就变成了一个人的专属符号，无论时隔多年，还是会敏感地觉察出。

我15岁时搬家离开了住了很久的老楼房，走的时候跟田奶奶道了别。记忆这个东西很有意思，虽然平时学习和工作繁忙，很难想起小时候的事，可是在梦里，我儿时住的房子、走过的小路、上过的学校、那些同学、那些邻居，总会像电影一样反复浮现。有时候也会梦见田奶奶和她做的菜，她总是用一张笑脸对着我。后来听别人提起，田奶奶被儿子接走了，一直生活在美国。

炸香椿鱼儿

原料为香椿芽，因为炸制出来形似小黄鱼而冠以此名。色泽金黄，酥香可口，咸淡适中，适宜做饮酒小菜或卷春饼食用。

炸香椿鱼儿的做法

食材：香椿芽、小麦面粉、鸡蛋、淀粉、花椒粉、菜籽油、盐。

1　　香椿芽要选择当季最为鲜嫩的，用水冲洗后，把根部切除。在锅中放入清水烧开，把香椿芽在水中焯一下捞出，控干水分。

2　　把鸡蛋打散，放入小麦面粉和淀粉，最好过筛一点点加入搅匀，可适当放一些水，但不可以太稀，不然很难挂糊。在面糊中加入盐和花椒粉以增加风味。

3　　锅中倒入适量的菜籽油，约五成热的时候即可炸制。把香椿芽一根一根地在面糊中挂浆后，放入油中，炸至变成微微黄色即可。建议趁热食用，这样口感更好。

小贴士

在烹制之前，一定要把香椿芽用水焯一下，因为香椿本身含有亚硝酸盐，在沸水中焯一分钟以上才能有效去除。如果想储存香椿，可以把买回来的香椿芽洗净、焯水、沥干后，装入保鲜袋，放入冷冻室保存，吃之前拿出来化冰即可。但是不论如何小心翼翼地储存，都不如随买随吃。

吉祥四糕映射了承德人的淳朴

"吉祥四糕"的说法和起源并不可考，其小组成员为年糕、豆包、煎饼、烙糕这四大金刚，分别有着"年年高升""蒸蒸日上""勤俭持家""日子红火"的寓意。在饮食上就可见承德人的朴实可爱，也不难看出这里的人踏实肯干，注重勤劳致富。四糕因其味道受普罗大众的欢迎，制作简单，价格亲民，又讨了好口彩而长年屹立不倒。

了解一个城市，在如今这个资讯发达的年代并不复杂，但如果想深入这个城市的心脏，洞察它的脉搏，贴近当地人的日常，唯有沾染城市的生活气息，理解它的饮食习惯和文化，方能称得上你来过，你感受过。这个城市才能留在你的心中，而不是活在你的手机相册里。

承德，处于华北和东北两个地区相邻的过渡地带，西南挨着北京与天津，背靠蒙辽，广仁岭、狮子岭、罗汉山等环抱四周，武烈河穿城而过。承德因康熙在此修建了避暑山庄而声名鹊起，但为大家所不熟悉的是，宫廷御膳的烹饪技艺因此也相继流入了承德，形成了当地独具特色的离宫御膳美食文化。

承德的地方风味小吃有 150 多种，地方风味糕点近60 种，是当地饮食体系中不可多得的宝贵财富。我的朋友大成是承德人，他跟我说，如果没有尝过荞麦面饸饹、驴打滚儿、鲜花玫瑰饼就不算来过承德。

谈起承德小吃，木讷的大成就会眉飞色舞："荞麦面是北方面食的三绝之一，与北京抻面、山西刀削面齐名。以淡碱水和好面并揉匀，通过饸饹床子把面压成长条，投入滚水中，入水即熟。挑出后配上卤，加上蒜末儿、香油、醋，咸香爽口。'驴打滚儿'可不仅在京津流行，也是承德的地道小吃。它由黍米做成，内馅儿夹有豆沙，卷成长条状切块，外表裹满了豆面达到不粘手的目的，入口绵软，别具风味。鲜花饼则和云南的不同，主料用的是避暑山庄自产的鲜花，饼皮用面粉、白糖、香油、青丝红丝、瓜子仁、桃仁做成，比普通糕点增添了一缕鲜花的甘甜。"

闲着没事，大成有时会和办公室里的一个女生聊承德的传统小吃，说着说着俩人就结伴去吃饭了，吃着吃着这俩人就吃出了惺惺相惜之情。一来二去，俩吃货居然谈起了恋爱，最后姑娘跟着大成回老家了，准备把大成说过的那些承德美食——尝遍，这是我听过的关于吃货最美的结局。

因受宫廷御膳文化的影响，承德的风味小吃也绝不将就。聪明的承德人不但保留了宫廷饮食的精华，还吸取了各民族小吃的特长，运用到当地食材中，创造性地形成了自己的口味和特色，是我国食品百花园中一个不容忽视的分支。

多年前，三个蒙古族歌手把"吉祥三宝"唱红了大江南北，全国观众听得意犹未尽，只有承德的吃货不屑一顾："切，怎敌我大承德的吉祥四糕？"好吃之徒的脑回路就是这么直接和奇葩。

"吉祥四糕"的说法和起源并不可考，其小组成员为年糕、豆包、煎饼、烙糕这四大金刚，分别有着"年年高升""蒸蒸日上""勤俭持家""日子红火"的寓意。在饮食上就可见承德人的朴实可爱，也不难看出这里的人踏实肯干，注重勤劳致富。四糕因其味道受普罗大众的欢迎，制作简单，价格亲民，又讨了好口彩而长年屹立不倒。当地小吃门派众多，高手如云，能成为四宝就必须有真材实料，才能从烧卖、油酥饽饽、八宝饭、二仙居碗坨、一百家子白荞面、糕凉粉、驴打滚儿、八沟烧饼、羊汤、南沙饼等一天一夜也说不完的小吃中杀出一条血路。

食物和人一样，须登得了大雅之堂，入得了平民厨房，方得人心，这种特质在"吉祥四糕"中得以完美体现。在四糕中，我对烙糕最为喜爱，这也是当地人家家户户都会做的小吃。在过去，一到腊月农闲季节，承德人家里就会做来吃。当地人告诉我："过年的时候我们集中玩乐，没有时间和人手餐餐做饭，烙糕省时省力，冷了热一热就好，省去了很多时间。"这种解释是不是又可笑又可爱？

烙糕是用承德当地产的小米（或玉米、糜子）磨成面，调成糊进行发酵，再用铁锅加热烙制而成。亲见这种锅，是圆形中间凸起的小铁锅，很多家庭都有，当地的超市就有卖，足见其平常。烙糕的做法有点儿像西式的松饼，在面粉中放入水、糖和干酵母搅拌成糊进行发酵，再把面糊摊于锅中烙熟，就可以食用了。如果想要加馅儿料食用的话，可加入韭菜、鸡蛋等。烙糕外焦里嫩，咸甜相宜。不仅当地人家中常食烙糕，承德的大街小巷也都不难找到这道平民小吃的踪影。

烙糕不知滋养了多少代承德人，在讲究绿色食品的今天，它因由粗粮做成而更受现代人的喜爱，并没有退出家常食品的舞台。如今，烙糕不仅生存在承德的大众早市和小吃摊，甚至走进了超市和饭店。

虽说是街头小吃，能做到家喻户晓，也须得名人加持才能成为传奇。乾隆皇帝就曾在《览热河井邑之盛知皇祖煦妪之深即目九秋断章三首》中写道："万家烟火较前增，井邑纷添有卖蒸。"这说的就是当时承德的老百姓家家户户做烙糕和小贩在市井叫卖的热闹景象。一道平凡小吃都映射出历史和文化积淀，承德人真是吃出了学问。

～ 寻味记事 ～

还记得那个把办公室女同事"拐"到承德结婚的大成吗？前几年我出差到那里，顺便"瞻仰"了一下他们的婚后生活。大成的媳妇是天津人，天津人有个特点就是恋家，北上广都不稀罕，就守着自己的一亩三分地怡然自得地生活。所以我很好奇她跟随大成回承德的原因，不知道是因为爱情还是"吃情"。

因为皇家园林的兴建，一处山清水秀的峡谷让无数人聚集在此。这里因有一股常年涌水的不冻泉而习称"热河"，后来又成了今天的承德，而热河行宫也就成了除紫禁城以外，清王朝统治者的另一个重要活动场所。承德也成为仅次于北京的另一个重要政治中心，有"塞外京都"之称。因承德曾作为清王朝的夏宫和离都，承德人在骨子里都或多或少有着皇家的优越感。这里的人大都以避暑山庄为傲，常把"离宫""世界最大皇家园林"放在嘴边，但也有不少吃货对承德的小吃忠心耿耿，当然也包括大成两口子。

大成说："承德在全国虽然知名度很高，但内里其实是个独特清新的移民城市，虽然和'皇家'沾亲带故，但却不是古都，不像北京、西安古韵悠悠历史漫长，也不似洛阳、开封矗立在当年的中原黄风中。"我正听得起劲儿，大成却话锋一转："但移民城市的优点是不保守，喜欢采众家之长，文化也特别混搭，这在饮食上体现得尤为透彻。看，小吃街到了，咱们在吃中来领悟我们大承德。"这小子被天津媳妇调教得这么贫嘴，都可以回我们的名流茶馆说相声去了。

到了小吃街，熙熙攘攘的人群顿时让我感到接了地气，混杂在承德的年轻人中间，觉得自己也变成了半个承德人。去一个陌生的城市，最明显的感知就是当地人的口音，奇怪的是承德人的口音非常纯正，承德话基本接近于普通话，不知道是否也是因为移民城市的缘故。

小吃街位于二仙居的西侧，这个新开的"夜经济特色美食广场"据说经营的都是当地的传统小吃，正合我意。老字号锅贴、马三烧卖、松枝包子、小贾铁板烤肉、二条拉皮冷面、二仙居碗坨、平泉羊汤、围场烤全羊、荞麦面饸饹、荞麦面碗坨、各式烧烤等等，在这里都找得到，当然也少不了"吉祥四糕"。

大成说过年的时候，家家都会做"吉祥四糕"，听着就喜庆。年糕我觉得有点儿像我们天津的切糕，也是切片售卖，白色的糯米面里夹有大颗的红枣，看着就实在。甜香松软、外皮筋道的豆沙包和用普通白面做的豆沙包颇为不同，它是用糜子面做的，在承德已有近百年的历史。习惯吃天津的绿豆面鸡蛋煎饼，承德的煎饼我觉得更接近于山东大煎饼，杂粮味道更浓郁一些，也别有一番风味。

经历代修葺，园林荟萃，庙宇众多，使承德犹如一颗璀璨的明珠，镶嵌在祖国大地上。而承德的美食与北京清宫菜既有相通之处，又有独到之处。美食植入平凡人的日常，演变成符合当地人的脾气秉性，也让生活在这片土地上的人魂牵梦绕，心甘情愿地陪着它一辈子。

烙 糕

用承德当地产的小米（或玉米、糜子）磨成面，调成糊进行发酵，再用铁锅加热烙制而成。它外焦里嫩，咸甜相宜。

烙糕 的 做法

食材：小米面、水、白糖、干酵母、韭菜、鸡蛋、食用油。

1　在盆中倒入小米面，加入少量白糖和干酵母，用适量的水调成面糊，然后在面盆上覆保鲜膜进行发酵。

2　韭菜洗净切碎，鸡蛋炒成鸡蛋碎，加适量盐拌匀制成馅儿料（还可以加入虾皮和香菇等）。

3　将小铁锅烧热后，淋入少许食用油，取一勺面糊倒于锅中，均匀摊开。1 分钟后，将拌好的馅儿料铺在上面，盖上盖子焖一会儿，对折出锅即可食用（也可不加馅儿料直接食用）。

糜子面豆包 的 做法

食材：糜子面、豆沙、白糖、青红丝、瓜子仁、桂花。

1　豆沙内加入白糖、青红丝、瓜子仁、桂花和匀成馅儿。

2　糜子面加入水揉成面团后发酵，在发好的面中揉入碱面，到无酸味为止。

3　将面团揪成一个个小面剂儿，放在湿布上拍成饼。一手放馅儿，一手将湿布合拢，捏紧封口。

4　将包好的豆沙包上屉蒸熟即可。

金丝杂面和宫面
以细见长的独特风味

除了工艺复杂，金丝杂面的原料也颇为讲究，除了普通杂面里常用的绿豆面，还添加了小麦面、芝麻细粉、香油、蛋清、白糖，所有材料以一定的比例加水和成面，小小的面条造价可不低，但只有这样才能保证其清香爽口。

宫面是藁城的传统特色面，其特点是色泽油亮而洁白，耐火不糟，晶莹剔透，回锅不烂，常常被用作汤面、凉面、拌面。

北方人好吃面，就像南方人爱吃米一样。因为北方的气候、水土都适合小麦的生长。河南小麦大多属于中筋品种，最适合做面条和馒头。然而相比北京人和天津人喜欢吃的炸酱面、捞面中的宽面和粗面，河北人似乎更偏爱细面，其中金丝杂面和宫面就是以细见长。

我本对中国的地理位置不甚熟悉，大多是通过一种食物或者一道名菜而记住一个地名，饶阳就是这么一个地方。饶阳县以在饶河之阳而得名，是隶属河北省衡水市的一个县，距北京、天津均约 240 公里。

而让我记住这个地方的原因就是当地的一道名吃——金丝杂面。

第一次吃这道面是在去石家庄的路上，开车行进途中，车上一行人都饿了，于是决定停下来随便找一家饭店吃点什么。选来选去，发现一家叫饶阳面馆的小店生意颇为红火，我环顾了下四周，发现几乎每张桌子旁都坐了一两个人，人人都是一盘炒面、一瓶啤酒或者一小瓶白酒，浓郁的饭堂气息顿时让我们决定尝一尝。老板娘变戏法一样从拥挤的店里找出一张桌子，刚好让我们四个饿狼坐下了。

看了菜单我们才知道，这家店的"主打"就是饶阳金丝杂面。杂面我们很熟悉，不就是吃火锅的时候配的主食吗？干干的、绿绿的一坨面条，下到火锅汤里吸满了肉味和菜味，自身又带着杂粮味道，倒也很好吃。可是，饶阳的金丝杂面跟火锅面一样吗？

老板娘说，金丝杂面最复杂、最有名的地方就在这细丝一样的面条了，取名金丝也证明了它的价值。细面的妙处就在于复杂的工艺，要把面团擀成纸片一样薄需要多大的耐心和多少年的经验？"面皮要做到'四不'才能切成丝，首先是不干不湿，其次要卷不粘，最后还要折不断。"老板娘说。将做好的面皮切成细丝，面条呈金黄透明色，能存放很长时间，耐煮不烂，虽细但很有嚼头，咬一口满嘴都是麦香和豆香，是真正的纯天然食品。

除了工艺复杂，金丝杂面的原料也颇为讲究，除了普通杂面里常用的绿豆面，还添加了小麦面、芝麻细粉、香油、蛋清、白糖，所有材料以一定的比例加水和成面，小小的面条造价可不低，但只有这样才能保证其清香爽口。相传在清朝中期，饶阳县东关村有一位叫仇发生的农民，以卖杂面为生。他为了使自己的杂面具有独特的风味，历经10年苦心钻研，经过800多次试验，终于制成金丝杂面。道光年间，有个宫廷太监每次回家省亲，必到饶阳东关仇家杂面店买一些金丝杂面，作为礼品带回皇宫。

老板娘蔚姐是饶阳县人，10年前离开老家和丈夫在石家庄打工，丈夫好客，常常请工友到家里吃饭，金丝杂面就是其中最受欢迎的美食之一。受到启发，蔚姐便开了这家面馆，生意一直不错。

蔚姐店里的杂面有很多种吃法，除了炒面还可以做汤面，炒面又分羊肉炒面和素面，甚至还可以做粗面。我要的是羊肉辣椒炒金丝杂面，蔚姐用大火爆炒后端上一大盘，卖相极好：红色的辣椒，绿色的圆白菜，金灿灿的杂面，混着肉香和酱油香。顿时让我馋涎欲滴，不到 5 分钟就把一盘面吃掉了。

在河北，除了金丝杂面，还有一种细面也颇具盛名，这就是官面。

官面又叫藕面，和金黄诱人的金丝杂面不同，它的外形和颜色其实更像挂面。追其历史，也是从手工挂面逐步演化而来，起源于唐代贞观年间，在明清享有盛誉。官面有趣的地方在于其空心，按照年代推理，大概比意大利的通心粉还要历史悠久，而且比通心粉要细得多，随手拣出一根，插入水中，居然还能吹出串串的气泡。

官面的原料其实很简单，主要是优质小麦粉，再配以食用油、盐、水，经过盘条、上杆、拽条、拉丝等 10 余道工序精制而成，分拉延、压延两大类。官面是藁城的传统特色食品，其特点是色泽油亮而洁白，耐火不糟，晶莹剔透，回锅不烂，常常被用作汤面、凉面、拌面。空心面条的好处是中间的空隙可以充分地吸取汤汁和调料，吃起来顺滑细腻，滋味十足，不是普通的挂面条可以比肩的。官面还因其营养丰富，特别适合老、幼、病、孕人群食用。有的官面还加入了杂粮、蔬菜、辣椒、牛奶等不同原料，做成了荞麦官面、番茄官面、辣味官面等，既保留了官面本身的幼滑细嫩，又增添了多种口味。

因此，大家的选择余地就更大了。

在河北，很多人家里都会常备官面，就像我家里常有挂面条一样，晚上饿了就可以煮来吃，只需再添加一个鸡蛋，一小把菠菜，一点儿盐、味精、香油，就可以享受到不黏不坨、洁白光滑的官面了。讲究点儿的还可以做鱼丸官面、排骨汤官面，甚至海鲜官面。

寻味记事

在我的心目中，西北拉面和金丝杂面都属于口味独特的面，而一想起金丝杂面的滋味，就会想起曾去过的那家面馆的老板娘蔚姐。

我们四个当初在面馆里大快朵颐之后，都觉得意犹未尽。刚好饭点儿也过去了，面店里的食客已寥寥无几，于是我便拉过健谈的蔚姐来聊聊她拿手的金丝杂面到底是怎么做的。蔚姐笑嘻嘻地知无不言，言无不尽。我们也才知晓，小小的一碗炒面却需要她每天从早操劳到晚上，难得她还保持着笑容和旺盛的精力。

饶阳县距河北省会石家庄只有110公里的路程，可当初蔚姐决定从老家饶阳县五公镇跑到城里来却考虑了3个月。

为什么来石家庄？蔚姐说，很简单啊，就是找个机会多挣点儿钱。她老公是个满足于老婆孩子热炕头的人，人虽然不错，但非常保守，当初坚持让她在家里带孩子，自己在外打工。可蔚姐心高，和家里吵了很久，最终谁也拗不过她，于是举家来到了省会。在这里虽人生地不熟的，可蔚姐还是信心满满。

来石家庄的时候，蔚姐只有24岁，儿子刚刚3岁。一家人在一个老楼里勉强租下了一间房，交完了3个月的租金和保证金后，两口子就只剩下1000块钱了。1000块能过多久？如果找不到工作怎么办？大人还好，可孩子呢？眼看就要上幼儿园了，钱从哪儿变出来？蔚姐像在说别人家的故事一样，慢条斯理地告诉我们，她那会儿其实一点儿也不害怕，她认为两个人只要有手有脚，肯定能在石家庄立住脚。事实证明，蔚姐说得一点儿也没错。

来城里不久，她老公就在一家工厂找到了一份工作。蔚姐虽然没找到正式的工作，但也接了不少打扫屋子、擦玻璃之类的散活儿，家里的开销暂时不成问题。儿子也被送到一家收费略低的民办幼儿园上学。老公的工厂里有不少单身汉，周末没事儿干，大家就会到蔚姐的家里喝酒，蔚姐做金丝杂面的手艺被这些单身汉们交口称赞。

蔚姐说，在他们饶阳，会做杂面并不是什么新鲜事，自己从没有想过靠这个手艺会挣钱，可是工友们的鼓励让她茅塞顿开。他们两口子人缘好，在朋友和亲友的资助下，面馆很快就开张了，一碗面不到10块钱还那么好吃，受到了街坊四邻的欢迎。

其实蔚姐在家只做细面，但为了满足大家的喜好，她还开发了粗面。刚开始，她只做炒面，后来有人喜欢汤面，她也将其加进了菜单。她本人不吃辣，所以以前从不往面里放辣椒，但附近的工友们喜辣，她也就入乡随俗，在羊肉炒面里放入了辣椒增加口味。从开业时的三四道菜到现在的20多个种类，用她的话说，全是顾客们对她的照顾所致，她都非常珍惜。

现在面馆每天都生意兴隆，他们一家人也在石家庄买了房子，安了家，儿子也升入了中学。蔚姐说，每天忙忙碌碌来不及细想这10年的过往，可偶尔有工夫静下心来，却感慨万千。其实自己没什么本事，只会做面，可老天却待她不薄，赏了她这碗饭吃。

我们认真地听完她的故事，原来面好吃也在于做面的人哪！

金丝杂面

面条呈金黄透明色，
耐煮不烂，虽细但很有嚼头，
咬一口满嘴都是麦香和豆香，
是真正的纯天然食品。

金丝杂面的做法

食材:绿豆面、糖、水、芝麻油、蛋清、面粉、芝麻粉、羊肉丝、姜丝、葱丝、盐、酱油、植物油、味精、料酒、胡椒粉、胡萝卜丝、菜椒丝、洋葱丝。

1　将绿豆面、面粉、芝麻油、蛋清、糖等混合揉成团，盖上保鲜膜饧面 20 分钟。

2　把面团擀成纸片一样薄，然后切成四方小块，摞在一起，用快刀切成细丝，晾干。

3　炒锅烧热，放入少许植物油，将羊肉丝滑散，加入葱丝、姜丝、盐、酱油、料酒、胡椒粉翻炒，倒入一点儿水，把金丝杂面放在锅内焖煮 2 分钟，再加入胡萝卜丝、菜椒丝和洋葱丝快速翻炒均匀，最后加味精调味即可出锅。

驴肉火烧

香味绵长意更浓

吃驴肉火烧必须得吃新出炉的，这个时候的火烧又香又脆，是最好吃的。把滚烫的火烧平放到案板上，横着切一刀，顿时热气便蒸腾而出。这时将已经剁好的驴肉夹进去，热火烧和带着老卤汁的驴肉，那香气混合着热气，闻起来就食欲大振，咬一口酥脆香软，可谓人间烟火美味。

能打动我的街头小吃不多，驴肉火烧一定算一个。

在北方小吃帝国的版图上，到处都可以看到的除了兰州拉面和沙县小吃之外，想必就要数驴肉火烧了。就连郭德纲的相声里，也会频繁地提到保定的驴肉火烧。不过可惜的是，几乎所有的驴肉火烧店都是河间火烧类型的，我个人更偏爱的保定火烧还真的很少能看到。

火烧刚出来时最好吃，表皮酥脆，内软韧。驴肉肉质细腻，吃起来味道又香又浓，在我心里是最接近中式汉堡的。很少会有姑娘选择去吃驴肉火烧，一是北方的驴肉火烧店大都是苍蝇馆子，二是大多数姑娘接受不了吃驴肉这件事，而且驴肉火烧偏油腻，量又比较大，一个女孩子常常把驴肉吃完了，还剩下半个火烧没动呢。

但是我个人是驴肉火烧的死忠党。说起来我第一次吃到保定的驴肉火烧，还是因为几年前的清明节和先生一起回他的老家河北省安国市去看他的小叔。他小叔家正巧做的就是保定风格的驴肉火烧。

安国这个城市听起来很陌生，但其实当年电视剧《大宅门》里，白景琦第一次出门做生意就是去的北方药都安国，作为一个曾经繁华的商业城市，这里自然各路美食也不会少。

开车一到河北省境内，"驴肉火烧"这几个字的出现率就频频增高。先生的小叔家里就是做驴肉火烧的，也做烧鸡，"刘记好再来饭店"在当地也算小有名气。一到小叔家闻见那股香味，我们就喊起来："饿死我了！"吃驴肉火烧必须得吃新出炉的，这个时候的火烧又香又脆，是最好吃的。把滚烫的火烧平放到案板上，横着切一刀，顿时热气便蒸腾而出。这时将已经剁好的驴肉夹进去，热火烧和带着老卤汁的驴肉，那香气混合着热气，闻起来就食欲大振，咬一口酥脆香软，可谓人间烟火美味。

　　驴肉好吃，但是做起来也很辛苦。在河北，火烧是从早餐可以一直吃到晚餐的，所以小叔每天天不亮就要去饭店开始工作，忙到深夜才能打烊回家。在保定的火烧店工作，需要自己的技艺不断精进才能应对从小吃这个长大的老食客们。肉怎么选只是第一步，如何把肉切好也非常重要，要避开所有的筋络只留下最好的部分，其中更以驴脸部的肉最为细嫩和讲究。

　　用来做火烧的驴肉先以大火煮再用慢火炖，配上近20种调料，长时间烹煮，肉色泽红润，香而不柴，酥软适口。驴肉不仅味道鲜美，据医书载，它还能补益气血、养心安神。

　　保定的驴肉火烧比河间的驴肉火烧历史更悠久，据说起源于明初。当年，燕王朱棣起兵进京，杀到保定府徐水县漕河，打了一场败仗，连粮草都丢了。正在大军饥饿之际，有个士兵出了个主意，要他效仿古人杀马吃。

　　所谓"驴肉香，马肉臭，打死不吃骡子肉"，其实马肉的纤维比较粗，并不好吃。但是饥不择食，他们就把马肉煮熟了夹在当地做的火烧里吃了。哪知味道还很不错。于是后来当地老百姓也开始杀马做"马肉火烧"，但是马在明朝是战略物资，当然就不能由着老百姓随便用来做火烧吃了。

但是想吃马肉火烧了怎么办啊？于是就出现了替代品——驴肉火烧。驴肉纤维比马肉细，且纯瘦不肥，自古在当地就是佳品。而且保定一带位于冀中平原，水草肥美，最适合养驴。

〰 寻味记事 〰

　　先生小叔家的火烧做了差不多有 30 多年，从他父亲那辈就开始做。店面从一间小作坊变成了饭店，从他父亲手上交到了他手上。他和妻子两个人操持着这个店，不仅买了车，还在市里最好的地段买了房。可天不遂人愿，正在日子越过越好的时候，他妻子查出了癌症，从确诊到去世连半年都不到。之后的很长时间小叔都无心经营饭店，于是把店交给了儿子和儿媳打理，自己只做技术顾问。

　　遇到了业内人士，自然要提出一直在我心里的疑问：河间和保定的驴肉火烧有什么不同？小叔说起这个滔滔不绝："从外形来讲，河间的火烧是长方形的，保定的火烧是圆形的。河间的火烧是在面上抹油后抻成长方形，用面杖擀薄再烙，所以是方的；保定的火烧是在面上抹油后揉成小圆球压一压再烙，所以火烧是圆的。而且它们用的驴肉也不一样：河间选用的是渤海驴，保定选用的是太行驴；河间的驴肉为酱制，保定的驴肉为卤制，这一点决定了两种食品口味上的巨大差异。酱制的河间驴肉在被夹进火烧的时候是凉的，里面加焖子、剁碎的鲜青椒等作料，伴着刚出炉的火烧的热气，吃到口中外酥里嫩。而保定的驴肉是热腾腾的，带有老汤卤汁的醇厚味道。如果配上保定老字号的槐茂酱菜和小米粥，吃起来口感更佳。"

小叔说，这槐茂酱菜打从康熙年间就有了，至今已有300多年的历史。光绪年间，慈禧太后途经保定，品尝槐茂酱菜后连声称好，并赐名"太平菜"。从此，槐茂酱菜身价倍增。据说，当时一斤酱菜的售价高达一两七钱白银（折合人民币300元左右）。槐茂酱菜的特点是完全采用传统工艺，乳酸自然发酵，无任何添加剂，用料考究，深受当地人的喜爱。

想必这就是一方水土养一方人吧。所有的食材只有在当地才能找到最好的，无可替代。而能够操作这些食材的人，也只有耳濡目染才能做出最好的味道。小叔说："只要够认真，手艺便会熟练，但若想扬名立万，便需要天赋，剩下的就看你有多努力。"

我问小叔想不想到大城市开一间店，又问他为什么外面都是河间的火烧。小叔说："保定的火烧必须得用炉烤才好吃，生炉子现在在大城市很难，而且河间的驴肉是凉的，保定的是热的，需要一直保持温度，门槛太高，不如河间的好上手。"小叔觉得城里的火烧店做出来的都不好吃，因为少了挑剔的食客，他们做起来自然不够认真。

我觉得小叔在妻子过世后的雄心壮志也淡了很多，将更多心思放在了他的小孙子身上，更多的未来得靠他的儿子去探索。很多像小叔一样做小吃的小人物才是时代的缩影，他们脚踏实地且不失进取的决心，几十年如一日经营着自己的小店，只做简单的一道驴肉火烧，已经是抱孙子的人了还起早贪黑去工作，所以我觉得注目于生活细事的人更亲切可爱一些。其实很多小店都在坚持用最好的食材，在最佳的时间内，用最精准的技巧做出美食来。客人最享受地品尝，才不辜负这些店主的心意。

清明节那天，我们和小叔先去给家里的先辈上坟，然后开车在村里七拐八拐地到了一个坟头前面。小叔告诉我们这是他过世老婆的坟，今天一起来看看她。小叔一边给坟头加土一边哭泣，我猜是想念当年夫妻二人一起做火烧的日子了吧。

驴肉火烧

火烧刚出来时最好吃，表皮酥脆，内软韧。驴肉肉质细腻，吃起来味道又香又浓。

驴肉火烧的做法

食材：卤驴肉、食用油、盐、面粉、水。

1   将面粉加入盐、温水和成面团，饧面约 30 分钟。

2   将饧好的面团等分成同样大小的面剂儿，加入油酥
     压成面饼。锅中放入少许油，放入面饼，将两面烙
     至金黄色，再放入烤箱烤至表皮酥脆。

3   将火烧横着在中间切一刀，把卤驴肉切成末儿加入
     其中，即可食用。

小贴士

为了解除驴肉的油腻，还可根据个人口味加入尖椒、
焖子等其他配料，吃起来口感更丰富。

迁西的板栗

天寒时的甜蜜期盼

光是这成色，迁西的栗子就不一样，一定是甘甜芳香的。因为"皮薄馅大"，很轻松地就能把整个栗子肉剥离出来。把栗子完整地剥出来也不简单，一是栗子本身的质量要好，二是炒制的过程也要讲究。

把金黄色的栗子肉放进嘴里，果然甜香软糯，栗香塞满了嘴巴。迁西板栗的特点就是含糖量奇高，而且肉质细腻，糯性黏软。

写这本书的时候，正值天津的初冬，暖气还没有来，但大街小巷已经开始贩售今年第一批糖炒栗子。过去，栗子也是时令小吃，必须天寒的时候才吃得上，天一暖和，卖栗子的也就销声匿迹了。做栗子生意的一年往往能歇上半年，当然另外半年也把这一年的钱都挣了，这就跟卖刨冰的一样，吃的就是季节这碗饭。我们这里的人爱吃糖炒栗子，将刚出锅的栗子捧在手里，透着热乎气，吃完了浑身都暖融融的。天津炒栗子较有名气，连日本卖的都是"天津甘栗"，其实天津炒的栗子大部分都是外地的，以遵化油栗为主。

在天津图书大厦旁的那家比较知名的店里，糖炒栗子是分不同档次的，个头越大越贵。

离天津不远的唐山迁西县就是著名的板栗之乡，知道迁西的板栗是因为朋友曾经带过来给我吃。迁西的板栗比较玲珑，外皮是新鲜的红褐色，有薄薄的蜡质层，鲜艳而富有光泽。

迁西板栗从外形上看已经很吸引我了，而真正打动我的其实是剥开栗子的一瞬间：轻轻地一捏，栗子皮立即就裂开了，不难看出栗子皮非常薄，里面的栗子肉十分饱满，泛着金黄色的光芒。凭着我吃了30年栗子的经验，光是这成色，迁西的栗子就不一样，一定是甘甜芳香的。因为"皮薄馅大"，很轻松地就能把整个栗子肉剥离出来。把栗子完整地剥出来也不简单，一是栗子本身的质量要好，二是炒制的过程也要讲究。

把金黄色的栗子肉放进嘴里，果然甜香软糯，栗香塞满了嘴巴。迁西板栗的特点就是含糖量奇高，而且肉质细腻，糯性黏软。板栗的淀粉含量也很高，只吃几颗不过瘾，可一吃多了正经饭就吃不动了，所以古时还用板栗来代替过饭食呢。

听说早在春秋战国时期，栽种栗子树已很盛行。香甜味美的栗子，自古就是珍贵的果品，是干果之中的佼佼者。迁西的板栗自古就有名，《史记·苏秦列传》中记载："燕东……南有碣石、雁门之饶，北有枣栗之利，民虽不佃作而足于枣栗矣。此所谓天府者也。"汉代的《史记·货殖列传》中说："燕秦千树栗……此其人皆与千户侯等。"这里的"北"和"燕"，即包括今迁西一带。看来迁西板栗出名也是有历史记载的。

迁西的栗子为什么这么甜，皮这么薄，肉质这么糯呢？咨询了专业人士后我才恍然大悟，这源于它的地理优势。迁西板栗的主要产地经过滦河地段，属平原地貌，土壤中有大量来自滦河的营养物质，和山区产的野生板栗差别比较大，营养价值也更高。

有一次去唐山路经迁西，因为栗子情结，就跟着当地人转了转。县里不少人都以种植板栗为生，这里的栗子树都以自然方式生长，用刮皮除虫的方法，不需要使用农药，也不施加化肥，所以栗子一般都比较小，但个头儿很均匀。栗子自然脱落即为成熟，每千克大概有 150 颗左右。老乡说，拿起来摇一摇，没有空壳的声音就是好的。我也试了试，果然个个颗粒坚实。栗子是可以生吃的，我随便剥开一颗塞进嘴里，居然也饱满甜香。

因为栗子著名，村里还有大队负责收生栗子，价格公道，老乡们生活得算是比较富足。用土生土长的栗子，县里可以做成袋装的零食，还可以做罐头，甚至加工成栗子泥，想法颇多。在县城的市场逛了一圈，这里也像天津一样有不少卖糖炒栗子的。做糖炒栗子一般在大锅里放入大量的圆砂，正规的应该是用特制的圆形颗粒炒砂，为了增加甜味，还要加入麦芽糖和植物油，炒的时候用大火不停地翻炒，利用砂石的热量把栗子烤熟，火候必须掌握好。为了吸引顾客，一位大叔就站在街边热火朝天地用大铁铲翻炒栗子，动作又快又准。大叔跟我说，炒栗子是个苦差事，他炒了半辈子栗子，小辈们都不乐意干这活儿，但会帮他在网上卖，居然销量翻番。我还在街边买了栗子馅儿的包子、栗子面的窝头，都可以当甜点吃。

回到天津以后，我在网上也曾购买过迁西的板栗，买来的是生栗子，仿照糖炒栗子的原理，我决定用烤箱试试。栗子是封闭的，最怕的就是受热后内部膨胀发生"爆炸"，损坏烤箱，所以把栗子洗干净后，必须不厌其烦地用菜刀把栗子挨个儿切上一刀，但不要切断。外面卖的糖炒栗子中会放砂糖，但考虑到迁西的栗子本身就甜，热量不低，又想让家人少吸收糖分，所以我只把栗子在植物油中滚一圈即放入烤盘中了。用 180℃大约烤 25 分钟，一盘新鲜的烤栗子就出炉了，趁热吃，几乎和糖炒的味道一模一样。除了烤，栗子还可以煮熟了做菜，放进粥里一起熬煮也更凸显了栗子的甜度。

每次看到又甜又糯的栗子，总是忍不住买上好多来吃。曾经每年冬天大家也会排长队买糖炒栗子，因为当时所有人都知道，今冬要是错过了，就要再等明年了。

◈ 寻味记事 ◈

其实中国产栗子的省份非常多，不但京津冀都种植板栗，安徽、河南、山东、湖北等地也有盛产板栗的城市。在迁西县我遇到了一位板栗达人，他是我的一个采访对象的舅舅。老头儿当时60多岁了，姓韩，可他不顾我们之间的辈分差异，坚持让我们喊他老韩，连他儿子也这么叫他。老韩说，外国人都这么喊，他也赶个时髦。

他以前是种植板栗的农民，这几年做起了迁西板栗出口的生意，他主要的客户都来自日本，有时他也去日本考察，按照人家公司的要求管理手下的这几个人，效率提高了不少。老韩一年四季都穿着西服和白衬衫，戴着年轻人喜欢的黑框眼镜，有时候还拽几句日语，如果别人听不懂了，他就异常得意，像恶作剧得逞一样兴奋。

大家都喜欢和老韩聊天，他是个随和的人，但也有自己的原则，那就是别人不能置疑他的板栗知识。每当和外地人聊天，他总是会掏出手机给人家看一张照片，我在迁西自然也看了。老韩说这是网络上挺火的一张板栗对比图，分别罗列了湖北罗天板栗、河南信阳板栗、安徽宁国板栗、河北迁西板栗、山东板栗、丹东板栗和福建板栗。从个头上看，迁西板栗属于中等，但它确实是七种板栗中间最扎眼的那一种，因为迁西板栗的色泽最深最漂亮，泛着诱人的光，凭感觉都知道这种栗子又香又甜。

这张图可是老韩的骄傲，他说日本人做板栗生意非常讲究，和他合作的那家店就在中国考察了 10 多个城市，最后选择了迁西。这是为什么呢？还不是因为迁西的栗子含糖量高，而且富含各种矿物质，这跟迁西的土壤有关，这可是别的地方比不了的。

在老韩眼里，栗子要论英雄是绝对不能比个头的，必须比甜度，还要看炒好后的栗子肉和壳会不会轻易分离。老韩说，有的地方的糖炒栗子是要切开才能炒的，因为本身质量不行，开个口可以让栗子吸收砂糖增加甜度，另外炒熟后也更好剥皮；还有的栗子别看一个顶迁西栗子两个这么大，可根本不能炒，只能煮着吃。迁西的栗子就有这个自信，不但可以炒，而且根本就不用提前开口，炒熟后轻轻一捏，壳和肉立即分离，能吃出板栗自身的香甜。也正是由于不用开口，炒制的过程中就不会进砂粒和灰尘，果肉保持了原有的干净。

晚上老韩邀请我们一行人去家里吃栗子宴，这还挺新鲜。大家本来怕打扰老韩一家人，可一听说是这个主题，都欣然前往。栗子宴由老韩的老伴儿和闺女掌勺，栗子红烧肉、大鸡（吉）大栗（利）、栗子酥饼、栗子馅儿馒头、栗子步步糕（高）……满满的一桌子美味，非常丰盛。栗子本身就甘甜，吸收了菜香，滋味非常独特，大家都吃得意犹未尽。每次有客户来迁西，韩家都要准备这么一桌栗子宴，既是好客又是展示产品质量，一举两得。老韩的老伴儿悄悄告诉我，吃完栗子宴的人就没有不签单的。

酒过三巡，老韩喝多了，但还是忘不了说他最爱的板栗。他说自己只有初中文化，现在却生活富足，一家老小都沾了栗子的光。迁西的板栗有上千年历史，出口到国外也有百年了，老韩说自己只是迁西栗子大市场中小小的一分子，但他努力地让自己发光发热，想把小栗子引领到大世界里。

迁西板栗

迁西的板栗比较玲珑，外皮是新鲜的红褐色，有薄薄的蜡质层，鲜艳而富有光泽。

烤栗子的做法

食材：迁西板栗、植物油。

1   筛选栗子，选择完好无损、匀称饱满的栗子备用。

2   用清水把栗子洗净，沥干水分。

3   把栗子逐个放在案板上，在中间切开一道缝。

4   把切好的栗子放在植物油中滚一下，使植物油均匀地沾满栗子全身，烤制后会增加风味。

5   在切栗子的时候就可以预热烤箱，180℃预热10~15分钟即可。在烤盘中垫上烤纸，把栗子放在烤盘中，180℃烤25分钟左右，具体要看自己烤箱的情况。

6   烤制时间到了即可食用，趁热吃风味最好。

小贴士

迁西板栗本身很小，下刀的时候必须要对准，先用刀刃最下端坚硬的部分对准栗子扎下去，一定要稳准狠，然后轻轻地活动菜刀，把板栗切开一道缝。切记不要把栗子切断，因为切断后会把栗子的断面整个暴露出来，烤后栗子容易发干。这个步骤需要一定的耐心和腕力，也是所有步骤中最难的。外面做糖炒栗子可以控制火候，而家里用烤箱烤栗子事先切口是为了防止栗子爆裂。

干烧鲳鱼

秦皇岛的宴客当家菜

在油锅里把鲳鱼干煎至两面呈金黄色后，在锅中放入剁椒、豆瓣酱等调料，让鱼充分吸收所有的滋味。鱼烧熟装盘后，锅中的鱼汁不用水淀粉收稠，而是把汁继续熬煮，待水分将干时离火。将汁浇在鱼上，使鱼的味道更加浓厚，这种方法称"自然收稠"，这就是干烧鱼与其他鱼类菜肴烹制时的不同之处。

秦皇岛又被人们称为港城，北依燕山，东北有万里长城入海处老龙头，南有风景秀丽的北戴河，港阔水深，风平浪小。

秦皇岛和天津在某些地方非常相似，比如两个地方的人都性格爽朗，而且都是沿海城市，也就意味着大家都一样，都有一个海鲜胃。

第一次去秦皇岛是在我即将升入高三的那个暑假。溽热的八月，我把汗水都挥洒在了学校的课堂里，有时候我会望着窗外翠绿的枝条发愣，搞不清楚何时才能从茫茫题海中解脱。临近高三正式开学，我们终于有了一个星期的自由学习时间，同班的几个女生一合计，决定去秦皇岛玩一圈，我们老成持重地感叹："再不疯狂就老了。"

少年不识愁滋味，人生地不熟的我们，居然投奔的是同学小白在当地的笔友。大家嘻嘻哈哈地下了火车，凭着一张照片就找到了这个接我们的"地陪"。小白这个笔友名叫阿宽，是她在QQ上认识的，后来他们固定每周写一封信，大家年纪相仿，大概讨论的都是青春期的小烦恼和小憧憬吧。

舟车劳顿后，我们歇脚的第一站就是阿宽的家，在秦皇岛的第一顿饭是热情好客的阿宽妈妈做的干烧鲳鱼，这顿饭给我的印象极其深刻，我不仅惊叹阿姨的好手艺，更难以忘记鲳鱼的好滋味。

鲳鱼其实是平鱼的学名，个头中等，外形类似比目鱼，长得扁扁平平的，而且体形近菱形，口很小，背部青灰色，体两侧则是银白色。听说以秦皇岛和河口产地的最为好吃，怪不得被秦皇岛人当作宴客的当家菜。阿宽妈妈做饭时，我就在一旁帮厨。阿姨说："鲳鱼啊，给你们高三的学生补脑最好了，而且肉多刺少，你们肯定爱吃。我收拾起来也不麻烦，所以常常买来吃。你们来的季节也挺好的，五月到十月才有的卖，七八月的鲳鱼又是最好吃的。"

阿姨的做法是干烧。把鱼鳞和内脏收拾妥当，又在鱼身上随意划上几刀，做鱼的方法其实和我们天津人很相近，但他们更善于用辣。在油锅里把鲳鱼干煎至两面呈金黄色后，在锅中放入剁椒、豆瓣酱等调料，让鱼充分吸收所有的滋味。鱼烧熟装盘后，锅中的鱼汁不用水淀粉收稠，而是把汁继续熬煮，待水分将干时离火。将汁浇在鱼上，使鱼的味道更加浓厚，这种方法称"自然收稠"，这就是干烧鱼与其他鱼类菜肴烹制时的不同之处。做法虽然不繁复，但颇为费工夫，需要一定的耐心，从中也不难看出秦皇岛人待客的热情。

这道菜颜色红亮，味道咸鲜，带辣回甜，肉质紧致鲜嫩，吸收了调味料的所有精华，装盘后撒上几叶香菜更佳。不一会儿就被几个女生抢食一空，主人一家也颇为得意呢。

去秦皇岛之前，我对这里知之甚少，更对这里的饮食习惯丝毫不了解。好在阿宽给我"扫盲"了，他说这里的人和天津人一样爱吃海鲜，鱼、螃蟹、大虾、皮皮虾都是餐桌上的常客。

好吃的秦皇岛人还有一个民间的海鲜时令。阿宽说：

"春节前后不是吃海鲜的好季节，到了二月底至三月初，海里就有了雪虾。这种虾浑身雪白，滋味鲜美，但只有20天左右的打捞期，必须尽快打捞，赶这份鲜，秦皇岛人喜欢把雪虾和鸡蛋一起烹炒。到了三月就可以吃一种深海中扁平的鱼类，叫冷水板，我们一般用小火炖，吃它的原汁原味。到了四月初，海里面就有了一种白色的小鱼叫面条鱼，跟面条差不多粗细，这种鱼打捞期也很短，一般和豆腐、鸡蛋一起炒，也可以做汤。到了四月中旬，我们就开始吃皮皮虾，这也是秦皇岛比较著名的海鲜种类，其实我们常叫它虾爬子或者虾婆婆。此外还能吃花盖蟹，膏肥黄满，是我的最爱。五六月是海鲜最为丰富的时节，各种鱼类、海虹、蛤类、海螺应有尽有。然后就是连着三个月的封海季节，主要是为了保护海里的海鲜资源。天气转凉了，到了十月就只有皮皮虾和螃蟹了，但此时也是它们最肥美的时候。一年的最末尾，扇贝也会悄然登场一个月左右。"

有了这个吃货"地陪"，我们在秦皇岛的三天旅行如鱼得水，光是鲳鱼就吃了三四次，把"干烧""红烧""清蒸""干煎椒盐"一网打尽。因为是八月底，秦皇岛的海鲜种类丰富，什么烤大虾、铁板蟹、炭烤生蚝、石锅鱼，我们都一一尝遍，如今回想起来，对那里的风土人情完全没有印象，倒是吃得满意而归。

秦皇岛一别后，我升入了高三，和阿宽就再无联系。10多年过去了，当初同行的女孩子都已经结婚生子，偶尔会听到阿宽的消息，他好像自己开了一家规模不小的餐厅。

而我知道，他的菜单上一定有一道干烧鲳鱼。

≈ 寻味记事 ≈

奥运的时候赶上"阅兵蓝"，有朋自"二环以内饭馆都不开"的远方来，大学毕业之后，能和大学室友凑在一起的机会真是少之又少。

2003年，我们相聚在天津师范大学的六里台校区，因为一个新闻梦而共同学习和生活了4年。还记得刚入学时，同宿舍8个人那年轻而稚嫩的脸，每个人的床头都摆着白岩松、水均益、间丘露薇的书——理想在它萌芽的时候总是闪闪发光。

如今宿舍的人聚会，能来的只有5人，有人远嫁，有人移民，我们偶尔还会提到另一个人，自从大三以后，我们就再没有见过她。

毫无疑问，来自秦皇岛的马洁是我们宿舍当之无愧的学霸，年年获得一等奖学金，大学英语四、六级都是一次性通过，每天都会带着厚厚的一摞教科书去自习室学习。马洁给我的印象一直是单纯可爱，我还记得刚开学不久的一个清晨，我去上计算机课，还没到教学楼就看见马洁站在二楼举着一张小报，兴高采烈地对我们叫喊："同志们，我中奖了！"等走近了一看，就是那种骗人的小广告，可是当事人还是深信不疑，像个不谙世事的小孩儿一样。

我很少住校，马洁由于忙于学业而早出晚归，虽然在一个宿舍，我和她的交集实际上也非常少。因为对秦皇岛的鱼有着特殊的感情，我终于在一天晚上和马洁聊起了她家乡的鱼。没想到一向不善言辞的她，提到秦皇岛立即滔滔不绝地向我讲述着那里的景色和美食，我自然也描述了让我魂牵梦绕的干烧鲳鱼。这位爽快的河北姑娘临睡前郑重地对我说："鲳鱼算个啥，回头我带你上我家吃去。"

假期过后，马洁一回到宿舍，就给我们分发她带回来的家乡土特产，一人一袋。我接过来一瞧，居然是鱼片。马洁大剌剌地告诉我："干烧鲳鱼我可给你弄不来，这袋鱼片你尝尝吧。"

她接着说："我前天跟我爸去他朋友的工厂玩，他那个地方就是做鱼片的。你们平时吃的那种不知道都生产了多久了，我这个可是用新鲜的鱼打捞上来后现做的，我亲眼看见它当场被做成鱼片的哦。"

听她这么一说，我哪里顾得上礼仪，马上就打开袋揪了一片放进嘴里。哇，好像吃进去整片大海。这可能是我吃过的最好吃的鱼片了，就是因为它鲜。和我以前吃的干了吧唧的鱼片截然不同，鱼肉湿润软嫩，又整片沾满了海洋的味道，这现做的鱼片果然了得，把鱼肉的精华全部压缩打包给顾客。若不是鱼肉新鲜，保存时间短，绝不可能有此滋味。于是，这袋鱼片的口感一直深印于我心，无"鱼"匹敌。

和马洁的交集源于秦皇岛的鱼，但又似乎止步于此。在后来的日子里，我忙着自己琐碎的生活，她的重心也一直放在学业上。大三时候我们搬到新校区，宿舍也被打乱了，和马洁只在极少数的课堂上相遇过。再后来听说关于马洁的消息就是她"失踪"了，再也不来学校上课了，我不知道她发生了什么事，可能再也没有机会知道她发生什么事了。

干烧鲳鱼

颜色红亮，味道咸鲜，带辣回甜，肉质紧致鲜嫩，吸收了调味料的所有精华。

干烧鲳鱼的做法

食材:鲳鱼、酱油、葱末儿、姜末儿、黄酒、红辣椒丁、盐、味精、白糖、蒜末儿、香油、肥猪肉丁、清汤、油。

1　鲳鱼去鳃、内脏,在鱼的两面用刀剞上柳叶花刀,抹匀酱油。

2　锅内放油烧至九成热,将鱼下入煎至五成熟,呈金黄色时捞出控净油。

3　另起油锅烧热,先将肥猪肉丁下锅煸炒,再放入黄酒、葱姜末儿、蒜末儿、辣椒丁翻炒几下,随即加入白糖、酱油、盐、清汤烧沸。

4　再放入鲳鱼,用微火煨,避免煳底,中间要记得翻身一次,这样更入味。炖15分钟左右就可以将鱼盛出,大火收汁了。

5　汁浓时,加味精、香油搅匀,浇鱼身上即成。

小贴士

1　鲳鱼洗净后,先用开水烫一下再烹调,可除去腥味。干烧鲳鱼最难的地方就是煎鱼的过程,如果油温控制不好就容易脱皮,那样就会影响鱼的美观。一般煎鱼不脱皮的技巧就在热锅凉油,尽量把锅烧干、烧到最热,然后倒入油,这样油热了之后再放入鱼,锅就不太容易把鱼皮粘掉。

2　烧鱼时,汤要刚刚没过鱼,等汤烧开后,改用小火慢炖,在焖制的过程中,尽量少翻动鱼。微火慢焖,令滋味充分渗透到鱼肉内。

碗坨

粗粮细吃的极佳典范

碗坨的做法有很多，大家普遍喜欢的是油煎，而且煎得越透越焦香越好吃，淋上香醋和辣椒油，酸辣咸香，滑润劲道，让人食欲大振。还有的店家将碗坨热烩，浇上素汤，或者拌上肉酱，也别有一番滋味。碗坨的形状也多种多样，常见的是切成菱形的，也有切成长条的，甚至切成豆腐块大小的。

我去承德的时候，常听到一句俏皮话："二仙居碗坨——煎（尖）透了。"刚开始我不太明白，问了当地人才知道，这指的是碗坨需要煎透了才好吃，还暗指卖碗坨的人非常精明。

我们天津蓟县（今蓟州区）其实也有碗坨，这承德的碗坨到底长什么样呢？不需要问人，只要走在承德的大街小巷，就能看到路边有卖这种块状灰色半透明的东西，有点儿像大块的凉皮，还撒着五颜六色的调味料。另外，每家的配料不一样，有的还顶着香菜和黄瓜，确实和蓟县的碗坨有点神似。

乾隆爷曾有过"早知有盘山，何必下江南"的感叹，这说的就是蓟县的风景。而与之对应的一句话就是"早知有碗坨，何必吃燕窝"，这夸的是蓟县的碗坨。承德和蓟县的碗坨虽然形似，味道接近，但做法略有不同，承德的碗坨是荞麦面和水或者猪血加热熬成粥做的，调味用醋和辣椒，而蓟县的碗坨是把荞麦面蒸熟做成的。相比之下，前者更细腻爽口一些。

《承德府志》里记载："荞麦于山田尤宜。《广群芳谱》曰：'北人日用以供常时，农人以为御冬之具。'"这足见当时北方尤其承德一带农人是以荞麦作为主要的粮食作物。宋代诗人陆游还曾有"荞花漫漫连山路，豆荚离离映版扉"的诗句，极言荞麦之盛。

那为什么说在承德卖碗坨的人比较精明呢？这得从荞麦面说起。以前由于交通上的不便利，承德人很难吃上白面，无奈之下，承德人选择了当地的特产荞麦面作为基本主食。生产荞麦面的地方一般都在周边的各县，运到城里来只能靠骆驼一袋袋地驮，后来荞麦面又被加工成了碗坨，不知道这个"坨"字有没有骆驼的含义。

当时承德的闹市区叫二仙居，是做碗坨最著名的地方，不但有大大小小好多个饭店售卖碗坨，路面还有十多个小摊贩贩售，形成了碗坨一条街，所以承德人亲切地称之为"二仙居碗坨"。

清代的皇帝每年都要到承德避暑山庄游玩狩猎，有时一高兴能住上半年，那些宫女嫔妃、王公大臣也会来不少。这时间一长，天天住在山庄内，大家都有点儿心烦，也嘴馋得很。后来就有人听说二仙居的碗坨好吃，刚开始是有小太监偷着出去吃，后来宫女嫔妃、皇亲国戚、大臣们也托小太监带进宫来，最后甚至发展到有卖碗坨的伙计直接往山庄里送。还有的店家为了讨好妃子，用精致的小盒子来装碗坨，使这种平民小吃更多了一份华贵。这么一来，碗坨的名气也越来越大，价格也随之水涨船高，所以才有了卖碗坨的人精明的说法。

据说，在二仙居做碗坨最出名的人叫王老三，人称"碗坨王"。他用的食器精致，材料也比别人的更加考究，做的碗坨味道更是醇香诱人，得到了广大老百姓的认可。虽然碗坨王已去世了，但他的手艺被传承了下来，味道丝毫不减当年。

放一块碗坨到嘴里，柔韧、滑腻、筋道、香辣，霎时间，酸甜咸辣味溢满口腔。碗坨的原料除了荞麦面，还有绿豆粉、五香粉、花椒面和适量的猪血，把它们熬成粥晾凉即成碗的形状，然后切片备用。这是碗坨的底色，也决定了它的出身。然而荞麦面的味道还得靠最后的调味料增色，一般会放醋、芝麻酱、酱油、香油、辣椒油等，配上爽口的黄瓜或者豆芽菜，拿着小碗就可以到处溜达着吃。

碗坨的做法有很多，大家普遍喜欢的是油煎，而且煎得越透越焦香越好吃，淋上香醋和辣椒油，酸辣咸香，滑润劲道，让人食欲大振。还有的店家将碗坨热烩，浇上素汤，或者拌上肉酱，也别有一番滋味。碗坨的形状也多种多样，常见的是切成菱形的，也有切成长条的，甚至切成豆腐块大小的。

无论碗坨的形态如何千变万化，都离不开它的灵魂——荞麦面。荞麦面不仅口感特别，还具有一定的营养价值，尤其是含有平衡性良好的植物蛋白质，食用后在体内不易转化成脂肪，所以不会导致肥胖。据说还有疏通肠胃、清燥热、通便之功用。

荞麦多产于高寒地区，可以生长在贫瘠的土地上。以前碗坨流行是因为没有白面可吃，承德又盛产荞麦，所以用它纯当充饥。而现在人们爱吃碗坨，是看上它的低脂、低热量，是健康食品。作为粗粮细吃的成功案例，小小的一碗风味小吃，经过历史的变迁，被传承和发扬光大，必有其值得骄傲的地方。

寻味记事

前几年去承德是因为出差，和朋友大成及其媳妇短暂碰了次面，我就去忙公事了。同行的同事还有一个山西人小孔，刚大学毕业，她是出生于1990年的姑娘，嘴特别贫，说话天天跟说相声一样。我们俩相差7岁，我小时候吃过的零食她都吃过，看过的动画片她也看过，完全没代沟，真怀疑她是80后。

小孔身高1.65米，也就90多斤，人瘦得总感觉风一吹就倒的样子，可她总说："姐，你别看我瘦，我浑身是肌肉。"当我看到她在办公室里拎起桶装水就换上，我才领教了她的风采。小孔还有个特点就是一天24个小时大部分时间都在饿，只要下班晚了耽误了吃饭，这天就塌了，她如坐针毡，看谁都烦。女孩儿总是爱说自己吃得多，小孔也这样，明明瘦得跟电影明星一样怎么可能吃得多？然而，当我跟她吃了一次饭我才顿悟，这孩子是真实诚啊，从头吃到尾，也终于知道她这力气源自哪里了。

于是，一个吃货的我，一个天天饿的小孔，为了吃传说中的承德二仙居碗坨，特意打车跑了过去。上了车才知道，二仙居碗坨根本不是个店名，而是个地点，而且现在那条街已经拆了。以前二仙居这一带聚集了一大堆小食店，一律都叫二仙居碗坨，也说不出哪家最正宗，后来小吃店也差不多都没了。

于是在二仙居附近随便找了一家人比较多的店。店铺不大，挺干净的，因为天气有些热，所有人都坐在店外马路边的小方桌旁。我们一看就开心了，跟我们那马路砂锅差不多啊。

老板娘是个40多岁的大姐，在承德这几天我们一直很放松，因为承德人说话没有口音，不像去湖南、山东，当地人说起方言来，我一个字都听不懂，非常苦恼，因为插不进话。饿急眼的小孔不容分说地跟老板娘说："快上碗坨！"

大姐人实在，碗坨做出来也特别实在，用一个大海碗盛上来，堆了满满一碗冒尖的碗坨，不过它不像后来我们在小吃街吃的那种碗坨，切成菱形的小块，整整齐齐地码好，撒上五颜六色的辣椒、黄瓜之类的小料。大姐店里的碗坨块头大，不规整，用油煎过了，而且浸满了浓郁的酱料，满到都要溢出大碗了，完全是一种粗放型的风格。

除了碗坨，我们还点了豆角面、炖肉、蒸饺之类的家常饭。虽然饭的卖相不太好，但胜在分量足，价格便宜，统统都是大海碗，满满当当一桌子，小孔看了顿时眉开眼笑。

碗坨的原料就是荞麦面，这家的碗坨外形特别像我们天津的油煎焖子，不过吃到嘴里就特别像蓟县的碗坨了。我一边慢悠悠地吃，一边研究碗坨到底像什么。一低头再一看，碗坨都被小孔吃了一半多了，这时她才停下筷子，跟我说："唉，好像我们那也有这东西，味道有点儿像，不过我们要放好多醋，夏天吃特别解暑。而且，我在北京吃过扒糕，跟这个味道也差不多，里面除了放黄瓜丝还有腌萝卜丝。"

为什么中国有这么多碗坨呢？既然吃了就不能瞎吃，回去我就查了资料，原来山西、陕西、内蒙古、河北、北京，几乎所有的荞麦产地，都有这种把荞麦面蒸熟再撂凉的吃法。各地叫法不一，碗坨、灌肠、扒糕，其实都是一样的东西。弄明白了我就能踏实地睡了，可是看了一眼旁边床打饱嗝儿的小孔，我突然想起来，这二仙居的碗坨我压根儿就没吃几筷子啊！

碗坨

放一块碗坨到嘴里，柔韧、
滑腻、筋道、香辣，霎时间，
酸甜咸辣味溢满口腔。

碗坨 的 做法

食材:荞麦面、蒜泥、酱油、醋、辣椒油、芥末糊、味精、精盐。

1 将荞麦面用盐水拌成面絮,揉成面团,饧发10分钟。在面团中加入凉水,慢慢把它揉软,和成面糊,直到用筷子挑起后,面糊能形成不间断的线状流下就好了。

2 把面糊盛于碗内,上笼蒸熟后撂凉备用。

3 把蒜泥、酱油、醋、辣椒油、芥末糊、味精放在碗里,调成汁备用。

4 把碗坨用小刀切成块状,码在碗里,将调料汁浇上拌匀即可。

小贴士

1 千万不能将荞麦面直接搅成面糊,那样碗坨吃起来不筋道。

2 还有一种吃法:将做好的碗坨切成薄薄的三角块,在油锅中煎透,盛入碗内,浇上芝麻酱、蒜汁、陈醋、盐、味精等作料,用竹签扎着吃。这与北京的灌肠极为相似,只是原料不同。

独特的『三生三熟』莜面和山药鱼儿

在张家口，人们喜欢用莜面做成莜面窝窝，或者搓条儿、挤鱼儿、压饸饹、捏猫耳朵、打拿糕等，还能烙莜面饼，做莜面墩墩、生下鱼、螺丝转儿、伙伙饭，这些都是地道的地方小吃。

坝上"山药"和莜面的组合大约有几十种之多，被人们称为"最完美的相遇"，而最为大家喜闻乐见的还是朴素平凡的山药鱼儿了。

到了张家口，人人都会说的一句话就是：张家口有三件宝——莜面、山药、大皮袄。对于吃货来说，很快就能抓住这座城市吃的灵魂了。

张家口位于河北省的西北部，其地势西北高、东南低，阴山山脉横贯中部，将张家口市划分为坝上、坝下两大部分。坝上地区天寒地冻，但非常适合莜麦的生长，莜麦抗寒、抗旱、耐瘠，是天然的高寒作物。坝上地区曾流传着这样的俗语："四十里莜面，三十里糕，二十里荞面饿断腰。"可见莜麦独特的耐饥性。作为一年生的草本植物，莜麦在去皮磨成粉后就成了莜面。由于地理位置的特殊，张家口在饮食习惯上也非常接近东北和内蒙古的口味，熏肉、烤全羊、马奶酒都可以在这里找到。

莜面的营养价值极高，是一种精细制作的食品。它的制作手法也非常有特色，那就是所谓的"三生三熟"。一生是指莜麦的原始状态，而一熟是指用文火把莜麦粒炒至微焦。二生是指把炒好的莜麦粒磨成莜面粉，就又成了生面，二熟就是指和面了。这个步骤比较有意思，是用开水和面，顺带着把面烫熟了。蒸好的莜面可以用手捏成莜面窝窝、饸饹或者莜面鱼，不管什么形状，这都是三生，而三熟就是指最后一个步骤上锅蒸莜面。莜面的吃法虽然很多，但万变不离其宗。

在张家口，人们喜欢用莜面做成莜面窝窝，或者搓条儿、挤鱼儿、压饸饹、捏猫耳朵、打拿糕等，还能烙莜面饼，做莜面墩墩、生下鱼、螺丝转儿、伙伙饭，这些都是地道的地方小吃。

这几年，天津人流行去坝上度假，我也跟着朋友去了一次，人家去赏景，我就到处打听哪有好吃的，果然找到了一家当地人推荐的人气莜面店。听人家说，在张家口几乎每家都会做莜面，其味道各有千秋。这家的特色菜是羊肉口蘑莜面，而评价这道菜是否正宗则必须具备几个条件，一是汤头要鲜，要放锡林郭勒盟的羊肉片和口蘑，还要有酸菜和土豆。好的口蘑比肉还贵，所以放得少可不要见怪，就是为了提味用的。莜面要筋道正宗自不必说了，这考验的可是手工。这家莜面店做的莜面条，配在鲜嫩无比的羊肉汤头里，面条吸收了绝大部分的汤汁，让莜面独有的幽香升级，放入口中非常有满足感。口感上有些像荞麦面，但比荞麦面更扎实，能量也更多。所以坝上的人家喜欢吃莜面，大概也源于它能在体内转化成热量，能够抗击严寒，适合坝上的人们劳作和放牧。

除了莜面条，莜面窝窝的做法也非常有意思。把做好的莜面揪成小面剂儿，用大拇指在小石板上搓成卷儿，放在笼屉上蒸熟，可以浇上做好的卤汁，还可以配着热菜吃。好的莜面窝窝特别薄，还能立在蒸屉上，颤颤巍巍却屹立不倒，入口细腻黏滑，用筷子把窝子夹起来蘸着汤水，或者和茄子卤、羊肉卤一起食用，这些都是张家口的家常吃法。

利用自身特产的食材，坝上的人们用莜麦、土豆制成了一种形象生动的面食山药鱼儿，因为它身形胖胖的，两头尖尖的，有点儿像小鱼的样子，多数在一到两寸长，一指宽，所以得此名字。这个名字其实颇为有趣，因为里面既没有鱼，也没有山药，而主要是由焖熟搅碎的土豆和土豆淀粉、莜面和在一起制成的。在坝上，土豆又俗称为"地蛋""山药蛋"，由于坝上独特的气候和土壤条件，加之昼夜温差很大，这里种植的土豆肉质沙性强，含淀粉量极高，食用起来非常可口。特别是在种植过程中，不添加任何化学肥料，是难得的绿色食品。做山药鱼儿以新土豆为佳。初秋的土豆有些早，水分大；晚秋的土豆则最好，焖熟后，又沙又面。

因为都是特产，坝上"山药"和莜面的组合大约有几十种之多，被人们称为"最完美的相遇"，而最为大家喜闻乐见的还是朴素平凡的山药鱼儿了。它吃起来筋道，有嚼头，可配的菜也品种繁多。在张家口的朋友家里，我还特别请教了朋友妈妈山药鱼儿的做法。原来当地人家里都有一个压莜面用的塑料小机器，做山药鱼儿时也用得上。把蒸好的小土豆放入机器里，只用力一拧，土豆立刻就变成了小细条，特别省力，而且比用手搓出来的土豆泥更为筋道。

把莜面和土豆泥混合的时候要放在一口大铁锅里，越大越好，一边揉土豆泥一边慢慢加入莜面，手劲儿非常重要，做得好吃与否全看家庭主妇多年的经验了。后面的步骤就非常像我们做饺子皮了，不同的是要把剂子搓成小鱼的形状，这样山药鱼儿就做好了。常配的菜除了羊肉蘑菇汤，还可以配各种肉羹，或者直接做成山药鱼儿片汤。

　　从整体来看张家口的饮食习惯和流行的美食，不难发现都带有强烈的地域特征，真是完美地诠释了"一方水土养一方人"这句话。

认识某小孩儿是在 12 年前，在这 12 年间，我们曾多次彼此许下诺言结伴出游，但就像男人的"海誓山盟"一样，我们又都心照不宣地认为这不过是说说而已，不必当真。

可是不必当真的事儿就这么实现了。

2015 年的 9 月 2 日，在经历了午饭、扯淡、晚饭、扯淡、饭后咖啡后的扯淡后，某小孩儿才突然提起了自己热浪岛的行程是在 9 月 13 日。热浪岛在哪儿？就是电影《夏日么么茶》的拍摄地喽。机票贵吗？我随手查了下往返价格，让人怦然心动。我简直对热浪岛一见钟情。

那还有什么可犹豫的呢？那天晚上，我站在马路边就把往返机票给买了，并且预约了签证，其他人当时就目瞪口呆了，连某小孩儿也觉得我疯了。我倒没这么觉得，虽然在此一个小时之前我才刚刚听说热浪岛这个地方。

10 天以后，我和她经过 24 小时的舟车劳顿，终于踏上了这片水清沙细的东南亚岛屿。

岛上的生活极其简单，除了吃饭、睡觉、游泳、浮潜，就只剩下发呆了。第一天看湛蓝的天空、透明的海水、白色的沙滩，我们还会激动得乱拍一通，可是到了第三天，我们俩都有点儿面面相觑。最后，我们跑去度假村报名了潜水课程，没想到这个小岛上的潜水教练居然就是一位张家口人。

　　教练姓唐，有着上千次的潜水记录，但年纪只有30出头，这让我们顿时肃然起敬。有一次，岛上的游客因为酗酒后浮潜出了事，我们都在一旁看得胆战心惊，唐教练却一脸平静地走过来，通知我们下午的课程安排。我们问他怎么不去看看，他说看什么啊，这种事在海岛很常见。我估计他肯定是摩羯座，后来熟了以后一问，果然不假。

　　教练说，喜欢上潜水之后他就一直在东南亚各个小岛漂泊，一年只回张家口一次。他老婆住在吉隆坡，他的工作性质不得不让他们聚少离多。我问他想家吗，想不想回国？他说白天忙于工作，根本没有时间去想，但是夜深人静后有时就会格外想念家乡，想自己的妈妈，尤其是她做的莜面，每次想起来都恨不得马上买张机票打个"飞的"回家去吃。

　　为了能常常吃到莜面，唐教练会买上10多袋品牌的莜面条带到岛上自己煮着吃，虽然没有妈妈亲手做的那么筋道，也在这里弄不到家乡正宗的羊肉和口蘑，可是也能一解相思之苦。但是，每次在厨房煮面他都要悄悄进行，以防被同事发现抢走了。我问他以前被抢过吗？他哭丧着脸说："岛上食物都是靠船定期运来，你们吃了5天都已经有些腻烦了，更何况我们一住就是半年，一直到冬天封岛才离开。所以，每当自己想改善伙食，都会被饿狼一样的同事们盯上，真是防不胜防啊。"

因为我在张家口尝过正宗莜面的味道，所以他对莜面的迷恋我非常理解，但某小孩儿没吃过，一直眼巴巴地看着他，期待着他看在师徒一场的份儿上能煮一碗让我们尝尝。我看出了她的小心思，悄悄地给她发了条微信：别馋嘴了，还是给教练多留点儿念想吧。

莜面

口感上有些像荞麦面，
但比荞麦面更扎实，
能量也更多。

莜面窝窝 的 做法

食材: 莜面、羊肉丁、鸡汤、水发香菇丁、笋丝、酱油、料酒、盐、葱丝、姜丝。

1　莜面分几次加入烧开的水，边加边用筷子搅动，让面形成絮状，直到面盆中基本无干粉。趁热用手揉成柔软的面团（如果太烫可以在手上稍稍蘸些凉水），盖上保鲜膜饧 20~30 分钟。

2　将面团揉成若干小剂子，在案板上抹少许油，将小剂子按扁用手掌向前一搓，便形成一个薄薄的椭圆形，顺势卷在手指上，形成一个中空的面圈儿，一个窝窝就做好了。搓不好的话，用擀面杖擀薄拉长呈牛舌形也是可以的。

3　在笼屉上铺上打湿的屉布，把做好的莜面窝窝一个个排在笼屉上，大火上气后，蒸 10~15 分钟即可。

4　将肉丁、鸡汤、水发香菇丁、笋丝等制成羊肉卤，浇在蒸熟的莜面窝窝上食用。

山药鱼儿 的 做法

食材: 土豆、莜面、酸菜、酱油、香油、盐、辣椒油、葱姜蒜末儿。

1　先把土豆洗净去皮，切成块，放在蒸锅里蒸熟；然后将土豆在锅中捣碎成泥，加入莜面揉搓成面团；再将面团分成小剂儿，捏成长 5 厘米左右的小鱼形状；最后将面鱼儿摆在笼屉内蒸约 10 分钟即可。

2　这时就可以准备蘸料：在锅中加入底油，先用葱姜蒜末儿炝锅，加入酸菜翻炒后，再倒入适量的水煮开，调味。

3　将蘸料盛入碗中，放入蒸好的面鱼儿即可食用。

炒青虾仁和清炒虾仁
「鲜」得至善至美

虾仁，饱满而富有弹性，蛋白质的含量很高。在天津人眼中，它绝对是一切平凡食材的催化剂，和调味料相辅相成，味道鲜、纯、精，称得上是天津人在厨房里最为得意的"化学武器"之一。三鲜饺子、打卤面，甚至独面筋、娃娃菜，都因为有虾仁的加入而脱胎换骨。

吃鱼吃虾，天津为家。在津菜体系中，最为注重的是一个"鲜"字。天津靠近渤海湾的内侧，这种独特的地理位置使长居在这里的百姓能享受到各种美味可口的海鲜，从而造就了天津人这种执拗的味觉体系。

津城小吃众多，从清晨吃到黄昏，单价不超过 10 元，还完全没有重样的。然而，如果真有客自远方来，实在的天津人必定带他去馆子里吃顿海鲜才算尽地主之谊。反之，如果你有天津的朋友只带你吃套煎饼馃子，那绝对不能饶了他。有人说天津的海鲜之所以好吃，是因为这里的海底都是淤泥，而在淤泥中生长出来的海产品，不仅营养丰富，而且口感极佳。天津人的好口福看来真的是老天爷，不，是灶王爷赏的。

对于渤海湾的海鲜，天津人总是怀揣着满满的自信，也习惯在家常菜中用海鲜点睛。螃蟹、皮皮虾是天津人的最爱，然而要吃上鲜甜肥美的这两味"至尊宝"，必须望眼欲穿地等到当季。但虾仁不一样，一年四季天津人的餐桌上怎么能少了它粉嘟嘟、晶莹剔透的身影？

虾仁，饱满而富有弹性，蛋白质的含量很高。在天津人眼中，它绝对是一切平凡食材的催化剂，和调味料相辅相成，味道鲜、纯、精，称得上是天津人在厨房里最为得意的"化学武器"之一。三鲜饺子、打卤面，甚至独面筋、娃娃菜，都因为有虾仁的加入而脱胎换骨。

这个当之无愧的厨房宠儿之所以被天津人做菜时信手拈来，也得益于它的保存方式，冷冻的虾仁永远是天津人厨房里的常备品。优质虾仁是菜肴制作成功的最基本条件，因此必须选用新鲜、无污染、无腐烂变质、无杂质的虾仁。烹制虾仁时以保持其自然形状为主，选料时必须做到大小相近，才能使虾仁受热均匀，成熟后的虾仁老嫩一致，色泽纯正，形态美观。

天津人素来活得纯粹，不喜繁复，在饮食上亦是如此。虾的鲜美无论用什么辅料相佐都显得不那么干脆，想来想去，大概素素净净地炒一盘只有一位主角、没有任何配角的虾仁，才能征服天津人挑剔的嘴，打发掉他们自小训练有素的海鲜胃。至简方为精品，这就是卫嘴子的饮食哲学。

而要把虾仁吃出极致的做法当属炒青虾仁了，这也是天津老牌饭馆"红旗饭庄"在津菜比赛中获得金奖的菜品。它的主料非常单一，就是我们天津的河产青虾。这种虾呈青白色，肉质紧密细嫩。选择青虾也非常讲究时令，以深秋初冬时节上网的最为肥硕，活虾过水现剥出来，自然最后呈现出来的味道也最为鲜嫩。不过选料费时费工，因为必须挑选大小一样的青虾，取出虾仁，每只虾仁背部和腹部的黑（白）线也必须全部去除。成菜后，青虾仁呈自然杏黄色，外微脆而内柔嫩，清汁无芡，鲜咸爽口，把虾的本味完全表现出来。细品后竟有虾的甘甜，让人回味无穷。菜肴清爽，融入了绝不拖泥带水的风格，色形味都给人留有遐想的空间。

因为原材料考究，工序精细复杂，一大盘炒青虾仁百元以上的单价并不亲民，于是清炒虾仁作为其低配版的出现，以其独有的高性价比满足了天津普罗大众的胃。

话说天津当年有个"二荤馆"最为有名，其中之一就是天一坊饭庄。后来登瀛楼饭馆大张旗鼓地开业就曾放出话来，聘请天一坊厨师专门做清炒虾仁这道菜，足见其江湖地位。

清炒虾仁在天津大大小小的餐馆里都是常见的菜式，但有炒青虾仁的却不多见，只在较为高档的传统津菜馆里才能吃到，所以很多天津人恐怕也说不出这两道菜之间的门道。两道菜外形相近，名字也只是有所颠倒，但价格上差异很大。这究竟有什么厨房秘密呢？为此我专门询问了一下我表姐，她在津菜饭馆工作多年，虽然做的是行政工作，但她自嘲也是"半个墩"（墩子即二厨，负责切菜、配菜的工作）了。

表姐说，炒青虾仁使用的是活的河虾，一盘将近2斤的活虾剥出的虾仁不放任何配菜必然成本昂贵。而清炒虾仁要便宜近一半的价格，所以对于清炒虾仁我们就不能要求很高，它的虾仁原料通常使用冷冻的海虾虾仁，这就省去了剥虾皮的过程，在工序上也基本不会精细到个个虾仁去黑线的程度，这在人工上无疑减少了很多成本。一盘清炒虾仁要用八九两的冷冻虾仁，和炒青虾仁用2斤活虾剥出来的虾仁的重量基本相当，所以在最后的装盘上，两道菜的色和形非常相似。如果厨师的手艺过硬，再加上冷冻虾仁品质上乘，即使是低配版，在成菜后的口感和高配版差别也不是太大。

　　而如果在清炒虾仁里加入黄瓜或胡萝卜、玉米粒等则使得菜色更有卖相，营养更为全面，同时也更接地气。虾仁入油锅后配上切片的小青瓜等青蔬，爆炒两下，起锅后瓜脆虾鲜，色泽诱人，清爽得让人有些齿颊生香的感觉。

　　津菜师傅把天津人对虾的想象力全部得以实现和升华，真让人叹为观止，所有的一切也成为这座城市特有的饮食文化的一部分。

寻味记事

以前读过刘枋老师写的《吃的艺术》，随手一翻就翻到她写的天津菜，她说自己不是天津人，但叔婶兄弟皆住在津城，所以总是对这里有着莫名的好感。刘枋虽然长居台湾，但一想起天津菜来还是馋涎欲滴。她首先提到的天津菜就是烹大虾段，足见虾和这座城市无法脱离的微妙关系。

我妈年轻的时候一直在天津红桥区的北阁（此处读gǎo）小学教书，后来我上小学了，为了接送我方便和其他的一些原因，就把我放在离她学校不远的小伙巷小学。我对那时候的记忆是什么呢？说起来好笑，居然就是虾。

那是20世纪80年代末，我记得那时天津的冬天特别干冷，我的鼻头总是被冻得通红。我们班里连暖气都没有，天天在教室里生火炉取暖。我很不幸地坐在炉子的最前方，上课的时候很暖和倒是不假，可是下课的时候一看自己红色的书包，居然被炉子烤煳了一大片。

中午放学后，我穿着厚重的棉大衣，带着那种挂在脖子上的棉手套，和同学们走过一条小路回家吃饭。当然，人家是回家，我是去北阁小学。一进我妈的办公室，就闻到了各种饭菜的气息。别的老师都举着铁饭盒吃饭，我妈正蹲在地上用插电的小炉子煮面条。面条大概用的就是从外面买的挂面，快要煮熟时打入两个鸡蛋，然后居然还放进去两个大虾，白色的面汤立即添加了一抹粉红色，汤上也咕嘟咕嘟地冒着粉红色泡沫。她一边撇掉那些浮沫，一边打开用小瓶子装的食盐和味精，轻轻地放进去一点儿，最后再点上几滴香油，满屋子都是虾和香油的味道。

在北方寒冷刺骨的大冬天，坐在有阳光洒进来的小学校的办公室里，吃上一碗热气腾腾的鲜虾面，现在想来真的很幸福。但当时 6 岁的我满脑子都是零食和火腿，对于海鲜这种成年人才能理解的美食，当时小小年纪的我可能有点儿想不通吧。后来因为离家太远，我妈想把我转到家门口的大胡同小学，谁知校长说："那你也来我们这儿教书吧。"我妈一想也对啊，于是我们就一起转到这所有暖气的学校，不过也失去了在办公室做饭的机会。回想起来，那时候的生活多么简单，人与人之间的关系多么单纯啊。

后来读初中和高中，学业越来越紧张，每到这时候，家长就恨不得把所有好吃的、有营养的菜都做给孩子吃。渤海湾的虾因为拥有丰富的蛋白质和钙一直被他们认为是补脑子、长智慧的食材，所以中午带饭或者是晚自习加餐，同学们的饭盒里总是少不了虾仁和大虾段的身影。有时候周末课外上提高班，午餐的时候也会被家长带到大饭馆要一个清炒虾仁、一个黄焖牛肉，就是希望孩子能吃好休息好，下午能有充足的体能接着学习。

我那年高考的时候，考场就在我老伯家门口，中午自然就去他家休息。没记错的话，喜欢做饭的老伯给我做的一桌子菜里就有这道清炒虾仁。就连每年过年的大年三十晚上，这道名菜也是家家户户团圆饭的保留菜目。

每个人心中都有难以割舍的食物，天津人得意于自己守着这个得天独厚的地理位置，享受着从不失约的鱼虾蟹。我们沉溺于此，岁岁年年，乐此不疲。

炒青虾仁

成菜后，青虾仁呈自然杏黄色，外微脆而内柔嫩，清汁无芡，鲜咸爽口，把虾的本味完全表现出来。

炒青虾仁 的 做法

食材：鲜虾（大小一致）、蛋清、盐、淀粉、花生油、葱花、姜汁、味精、绍酒适量。

1　将虾仁剥出放在碗内，用牙签把腹部和背部的虾线剔除，用盐、蛋清、湿淀粉将处理好的虾仁抓匀上浆。

2　锅置旺火上，倒入花生油烧至五成热，把虾仁用手捻开逐一下锅。待其浮起后片刻，倒入漏勺沥油。原锅留余油上旺火，放葱花爆香，将虾仁倒入，烹绍酒、姜汁，再加盐、味精略颠炒即成。

小贴士

还有一种做法是将虾仁挑去虾线，放盐腌一下。把蒜头拍碎，放入热油中爆香，下入虾仁快炒，直到虾仁炒熟变红，最后淋上一个芡汁即可。

清炒虾仁 的 做法

食材：虾仁、黄瓜、油、盐、胡椒粉、淀粉、料酒、姜末儿、蛋清、麻油。

1　黄瓜去皮切成小块。虾仁加入盐、胡椒粉、料酒、淀粉和蛋清搅拌均匀上浆备用。

2　热锅内放油爆香姜末儿，放入浆好的虾仁迅速滑散，再加入黄瓜块快速翻炒均匀。

3　勾入薄芡，淋入少许麻油，即成。

小贴士

清炒虾仁里面的黄瓜也可以换成西芹，还可以加入腰果等其他配菜，当然也可以不加任何配菜。

俄式沙拉

延续上百年的异国之缘

　　其实食物和一座城也是有缘分的，天津和德国、俄国离着十万八千里，没想到遥远国度的美食反倒在这里存活了上百年，甚至逐渐演化成当地的家常菜，不得不让人感慨。

　　也许和运河的商业发展息息相关，天津历来就是个洋气的城市，光是五大道上鳞次栉比的小洋楼就让无数国内外游客流连忘返。五大道拥有 20 世纪初建成的英、法、意、德、西班牙等不同国家建筑风格的小洋楼 2000 多幢，占地面积 100 多万平方米，其中历史风貌建筑和名人名居有 400 余处，被公认为天津市独具特色的万国建筑博览会。

　　在天津生根发芽的西餐厅比五大道的历史还要久远。

在天津无人不知的西餐厅就是 1901 年开业的起士林，主要经营的是德、俄、英、法、意五国菜系，如今总店还矗立在小白楼地区。100 多年过去了，现在天津人过生日、结婚纪念日、情人节还是会选择去这里感受一下。常常听到同事和朋友去起士林吃饭，吃完的第一句评语一定是"真贵"（人均 300 元），第二句就是"不过还真好吃，地道"，这也是这家老店长盛不衰的原因吧。

我出生在普通的家庭里，父母非常传统，按说在 80 年代不会想到没事儿去吃个西餐。然而在我模糊的记忆里，我和我妈都是起士林的常客，原因是我的姨父就在那里当经理。我总会想起大概是上幼儿园的时候吧，我在起士林吃过一种奶油味特别浓郁的冰激凌。要知道，那是一个吃果味冰棍的年代，冰激凌是非常奢侈的，而起士林的冰激凌的吃法还非常时髦：在一个高高的玻璃杯里放满了加冰的可乐汽水，在汽水上面放一个冰激凌球，最后把混合着奶油的汽水喝下去，我吃得别提有多开心了。

有时候，姨父还会自掏腰包买很多冰激凌让我带回家，就用他带饭用的大号铝制饭盒装，至于回家后怎么吃掉的我则完全没有印象了。可惜那会儿也不流行发朋友圈，这些珍贵的场景没有记录下来，只能封存在心中。

说到起士林的历史其实非常有意思，它的创始人阿尔伯特·起士林是个德国人，除了供应德式、法式大菜，还自制精美的糖果和面包。阿尔伯特掌灶，妻子做招待，并且雇了一位德国人罗里斯当助手。前期的起士林西餐馆主要靠这三个人经营，并且深受当时天津的达官贵人的喜爱。话说袁世凯46岁生日的时候，就把起士林整个包了下来庆生。这个阿尔伯特·起士林非常有头脑，他按照西方的风俗布置了会场，还获得了袁世凯的好感。不仅如此，他还为袁世凯亲手制作了一个像小山一样的多层蛋糕，层层叠叠，布满了奶油和鲜花，最上面还顶着硕大的一个"寿"字。那会儿的人哪见过这个啊，大家无不啧啧称奇。从此以后，天津所有的有钱人过生日都要跑到起士林撑门面，并且点名要奶油蛋糕。

据说后来，黎元洪在天津过生日时，让起士林送去一个方形寿字蛋糕。这个高1米、宽1米的蛋糕，四周缀满48个小"寿"字，五颜六色点缀其间，简直就是一件艺术品。又据说袁世凯知道后，妒忌得要命，转年又让起士林做了一个比那个还大的蛋糕才算罢休。

后来第一次世界大战爆发，阿尔伯特回德国从军，三年后噩耗传来，说他已战死，随即他的妻子就和助手结为连理。没想到半年后他死而复生地回到天津。助手欲离开，被阿尔伯特拦住，三人继续在一起经营。再以后的故事大概就靠大家自己脑补了。

和这个奇葩的故事无关，天津人对这家西餐老店一直有着莫名的好感，甚至有一家号称起士林退休厨师开的西餐小店也被人们所推崇。这家叫作"士林"的小门脸售卖的俄式沙拉、奶油杂拌、德式冷酸鱼、红烩牛肉一直是天津老饕的最爱，据说和起士林门店的味道非常相似。

不知道是不是因为俄式西餐在天津扎根太久，很多老天津人家里都会做这道俄式沙拉。小时候家庭聚餐，饭桌上总有这道经典菜式，配着女士香槟酒也别有一番滋味，甚至连小孩子有时都被允许喝几口，搞得我以为这是道天津的传统菜呢。其实食物和一座城也是有缘分的，天津和德国、俄国离着有十万八千里，没想到遥远国度的美食反倒在这里存活了上百年，甚至逐渐演化成当地的家常菜，不得不让人感慨。

长大之后，似乎就再也没有去过起士林，姨父也已经去世 10 多年了。但起士林在我们天津人的心目中还是正宗西餐的代名词，有机会我还会给我的儿子讲起它的故事。

寻味记事

　　逢年过节，从事餐饮行业的人最为忙碌，所以在家庭聚会中很少能碰见姨父，代替他出现的总是一盒盒起士林出品的西式点心。小时候物资缺乏，不像现在代购发达，所以吃惯了白皮点心、五仁月饼的我，对这些用奶油、黄油、巧克力做出来的点心十分喜欢。一盒点心里总是混杂了10多个种类，而我的最爱就是一款长条形、一半裹着巧克力的饼干，奶香四溢，巧克力又起着点睛的作用，真是百吃不腻。这两年我学习烘焙，也照猫画虎地鼓捣出来类似的一种饼干。夜晚时分，我一个人待在厨房里，一手拿着饼干品尝，一手还戴着隔热手套，心里感慨良多，想要跟谁去讲述这段关于记忆中味道的往事，却又觉得别人很难感同身受，于是决定还是埋藏在心底好了。

　　记得有一年春节，姨父出人意料地出现了，还说要邀请我去他店里吃一顿正餐。我当然非常高兴，没想到姨父却说："先别高兴得太早，吃西餐可非常讲究礼仪，你懂得这些规矩吗？"我当时才上小学三四年级，怎么可能接触到这些东西？我连忙摇摇头。姨父接着说了很多刀叉餐布的用途，我只记得他跟我说："喝汤的时候勺子一定不要向外舀，要朝向自己。"说着他就用手中的勺子给我演示了一遍。

我没想到他这句话在我幼年的心里造成了很大的影响，我常常在家里回想姨父的话，并且在吃饭的时候默默地模仿，如果电视剧里有吃西餐的桥段我也会目不转睛地盯着看，恨不得能有个外国老师来家里教我。这一切都是因为我非常害怕在西餐厅出糗。

然而，时隔很久，这个我期待许久的邀请才兑现，这时候我已经比初次吃冰激凌的时候长大了不少，也懂事了不少，又似懂非懂地学习了很多餐厅礼仪，所以这样的一顿饭对于我一个小学女生来说意义非凡。记得吃饭的那天刚过了春节，我也开学没多久，我相当隆重地换上了最好看的一条紫色连衣裙，还戴着当时小学生里最时髦的紫色绒布发卡，上面系着好多五颜六色的橡皮筋。最后我们全家甚至还打车前往。

结果吃了什么呢？我基本想不起来了，似乎学的那些皮毛知识也没怎么用上，就记得吃了大虾，还有一道罐焖牛肉，应该是俄式风格，上面糊着厚厚的奶酪皮。吃牛肉的时候我没想到温度那么高，把舌头都烫了，结果整顿饭都吃得非常痛苦，根本没心思去品尝别的美食。从那以后，小小的我就开始领悟到，即使期待了很久的好事终于成真了，它也可能变成"鸟事"！

姨父去世得很早，他得了很重的病，本来高高壮壮的一个人，走的时候被病魔折磨得异常消瘦。他年轻的时候很重视事业，在起士林和狗不理都当过经理。因为店里总有达官贵人出没，所以在那个没有网络、资讯不发达的年代，姨父常常给我们带来新鲜的消息。比如客人带了1000元一两的大红袍，昂贵得一般人不认得的香烟什么的。那时，懵懂的我总是茫然地听着。

我手里保存着儿时的很多照片，其中最拿得出手的一组照片就出自我的姨父。他不但有一款非常好的胶片相机，摄影技术也很出色。照片中的我活泼大方又自然，背景正是姨父家的各个角落，我婴儿肥的脸庞上透着红润，笑得那么开心。

我希望姨父在天国也能过得开心。

俄式沙拉

很多老天津人家里都会做这道俄式沙拉。小时候家庭聚餐，饭桌上总有这道经典菜式，配着女士香槟酒也别有一番滋味。

俄式沙拉 的 做法

食材：小香肠、黄瓜、胡萝卜、土豆、鸡蛋、沙拉酱。

1   首先用一个煮汤的锅接水，水量以能没过土豆和胡萝卜即可。将土豆和胡萝卜整个放入锅中煮。煮好后，胡萝卜切成丁，土豆放入大盆中，用一把大勺子压成土豆泥，备用。

2   把鸡蛋煮熟（约10分钟，蛋黄可全熟），切成丁备用（俄式沙拉成功的关键就在于鸡蛋）。

3   煮以上食物的同时，把香肠切成丁，黄瓜根据喜好切成小丁或者薄片。

4   将所有食材放入沙拉碗中，加入两至三大勺沙拉酱，拌匀即可。

小贴士

这道沙拉主要味道都来自沙拉酱，一般是甜甜咸咸的口感，非常爽口，有的人还喜欢在沙拉里放入煮熟的玉米粒和青豆。因为有很多土豆，胃口小的女孩儿甚至可以当主食来吃。做多了可以放在冰箱里保存，凉着吃风味也丝毫不减。

熟梨糕、糕干和绿豆糕

地道的天津风味

熟梨糕呈小碗形，糕体雪白，有米香且非常软糯，真正的亮点在于上面涂抹的各种五颜六色的小料。

糕干也是雪白色的，呈长方形，用大米碾成的面和着白糖做成的糕干，雪白细腻，口味清甜，非常爽口。

绿豆糕入口虽松软，但无油润感，所以又称为"干豆糕"。

绿豆糕、熟梨糕、糕干、炸糕……

对于天津的小吃，民间一直流传着这样的说法："鼓楼北出酱肉，双立园的包子白透油，南糖北果，荤素菜头，映月斋的点心最可口。"这些店铺如今都没了踪影，但不难查寻到天津人的饮食口味——喜荤喜咸，尤爱点心。

写这本书的时候我一直在想天津人爱吃什么甜点，回想起来我们家真的是一年到头柜门里都藏着各种点心，早餐、加餐或者晚上看电视的时候饿了，都会拿出来一块，既解饱又解馋。如果要专门写一篇天津的点心，我想各种"糕"类肯定是必不可少的。

首先要说的就是我心目中的第一位——熟梨糕。相信它在所有80后天津小孩儿的心里都有着至高无上的地位，是我们儿时感觉非常尊贵的一款零食。虽然名字中有"梨"，但其实它和梨八竿子打不着，是用大米和各种酱料做成的。我说不清熟梨糕到底是什么年代被发明的，反正清代的《竹枝词》中就曾有关于它的描述："果馅儿鲜鲜欲蒸熟，响鸣阵阵绕耳朵。"这两句话倒是写得很妙，口感和做法都一目了然了。

熟梨糕呈小碗形，其实就是在小木碗里蒸熟倒扣出来的，糕体雪白，具体做法是将大米磨成的粉渣放在木甑中蒸一分钟即可。大米粉没有什么味道，就是有米香且非常软糯，真正的亮点在于上面涂抹的各种五颜六色的小料，具体要什么口味可以自选。当然豪华吃法就是要一个顶配，那就是把所有的小料都要一遍，常用的是橘子酱、草莓酱、巧克力酱、芝麻酱、豆沙酱、红果酱、菠萝酱、香芋酱、苹果酱……花花绿绿地放在一起，跟调色盘一样，怪不得小朋友们都喜欢，卖相实在是精致。卖家常用一张薄脆饼托着七八个熟梨糕交到你手中，热气腾腾的，酸甜可口，深得大家的喜爱。

以前大街小巷随处可见的熟梨糕小摊现在已经不常见了，只有在古文化街这种地方才能找到它们。但是随着小吃的发展和变迁，熟梨糕也慢慢有了自己的风格，最近几年很多改良后的新型熟梨糕也踏着怀旧风风靡起来。比如用有机水果做的酱料，让人吃起来更健康；有的卖家还穿成型男的风格在街头售卖，噱头十足。但是万变不离其宗，只要还是那个味道，天津人就会买单。

和熟梨糕的味道类似，天津还有一种以大米为原料的糕点就是糕干了，而最正宗的糕干要数杨村糕干。据说它创于明朝永乐年间，源于云片糕，是典型的运河文化的产物。糕干不像熟梨糕那样是现做的，买来的糕干是冷的，摸起来软软的就是最新鲜的，如果是硬邦邦的那就是放的时间太长了，吃起来味道也会大打折扣。

买来的糕干也是雪白色的，呈长方形，看起来朴实无华没什么特别的。它的吃法是从中间一掰两半，里面的馅儿料就会呈现出来。天津人爱吃的甜点酱料其实非常简单，无非就是豆沙、红果，还有青丝玫瑰一类的。用大米碾成的面和着白糖做成糕干，雪白细腻，口味清甜，非常爽口。

糕干的发源地是天津的杨村，据说是浙江的一对杜姓兄弟迫于生计来到杨村开了一个糕干店以此谋生，没想到受到当地人的喜爱，一炮而红，慢慢发展成天津家喻户晓的一道名小吃。话说1914年巴拿马运河开通不久，杨村糕干还作为中国的一种特产，同茅台酒等参赛品被一起送到巴拿马万国博览会，获得了铜质奖章。

作为传统小吃，糕干还是偶尔会出现在天津人的餐桌上，在老口味的基础上，还增加了蓝莓、香蕉、菠萝之类的新口味。

因为奶奶爱吃，我们家常备的另一道点心就是绿豆糕了。天津人对绿豆还是挺钟情的，不但在煎饼馃子里用到了绿豆面，绿豆稀饭、绿豆冰棍也都是我们夏天的最爱，就连甜品里也要把绿豆加进去。

爱吃绿豆糕是因为它有着独特的豆香，和其他糕点的口感都不太一样，入口虽松软，但无油润感，所以又称为"干豆糕"。我其实很怕太甜的东西，总觉得糖放得太多会遮盖掉食材本身的味道，而且有的人会用大量的甜味剂来掩饰食材的劣质。所以好吃的绿豆糕必须保留豆子味，甜味只是为了提升口感，而不能唱主调，这就是我对甜食的理解。

常光顾的一家制作绿豆糕的老铺，做这款糕点已经几十年了，她家的绿豆糕又软又糯还不会过甜。老板娘告诉我，好的绿豆糕肯定是用天然绿豆磨成的粉做成的，所以光看颜色就能分辨出好坏，好的绿豆糕颜色不能过绿，要呈黄绿色，如果特别绿，那肯定是放了色素。吃多了绿豆糕难免嗓子发干，所以有的卖家还在绿豆糕中加入了豆沙馅儿，倒也非常和谐。

因为个人的喜好，我只列举了三种糕点，其实天津的点心品种非常丰富，像"津八件"里每一样都够写上几百字了。虽然西式点心攻占了人们的味蕾，但传统的风味仍旧不会被遗忘。

寻味记事

　　不知道是不是因为没出息，还是儿时的印象太深刻，三十而立的我偶尔夜里还是会梦到小学附近的零食摊。

　　回想起来，可能是学校禁止门口摆摊设点，卖零食、文具的小摊贩都藏在学生回家必经的小胡同里。可无论是卖明星卡通贴纸的，还是卖酸梅汤的，或者是卖铅笔橡皮的，谁都没法和卖熟梨糕的魅力抗衡。

　　卖熟梨糕的是个 60 岁左右的爷爷，和其他摊贩早早就摆好商品等着孩子们放学的低姿态不同的是，熟梨糕爷爷总是很晚才来，所以嘴馋的学生经常是举着钱耐心地在他的摊位上等着他。爷爷一出现，大家立即一阵欢呼，像是看到了大明星一样一拥而上围着他转，也没有什么先来后到，大家都挤在一起，眼巴巴地看着他不紧不慢地摆弄着他的一套家伙什儿。孩子们也没有心情去光顾其他摊位，唯恐一走开就失去了刚刚占据的有利地形，只能静静地等着他。

　　熟梨糕爷爷挺有个性的，完全不按套路出牌，因为孩子们也不排队都挤成一团，爷爷到底先收谁的钱基本上是看心情，有时候先给左手边的一溜小孩儿做熟梨糕，可能转天就又换右手边了，隔一段时间还会选他身后的几个孩子。大家倒也没有什么怨言，完全听天由命，等着爷爷安排自己的顺序，偶尔排在了前头可是一件值得骄傲的事情呢，能在学校里吹嘘一整天。

其实爷爷做的熟梨糕并没有什么特别之处，无非是红果、豆沙、黑芝麻等花花绿绿的那几种馅儿料，小孩子吃不多，基本是每人买上4个，只需要几毛钱而已。即便到手了也不走，还围着摊位托着熟梨糕看着其他孩子一边笑一边吃，得意极了。爷爷的熟梨糕名声在外，大家每天排队吃倒像是赶时髦一样，如果没在爷爷的摊位排过队，基本就可以被等同于异类了，小孩子的世界还真的是挺奇妙的。

在学校门口的熟梨糕王国里，熟梨糕爷爷就是国王，以至于我一直有个阴影挥之不去。记得那时候我才上三年级，也跟着同学跑去买熟梨糕，我个子小小的，虽然去得早，排得很靠前，可是高年级的哥哥姐姐一放学，马上就把我淹没在人群里了。我只能踮着脚尖拼命地举着钱告诉爷爷我想吃的口味，还好爷爷收了我的钱，可是他做了一份又一份，始终没有把我的那份递给我。我尝试着提醒他，但人太多了，我的声音也被其他孩子的叫喊声吞噬掉，渐渐地我退出了人群，低着头发呆，像是打了败仗一样。

后来我把这个故事和朋友们分享过，我也努力地分析了自己当时的心理状态，我想大概是源于内心的羞涩和不敢挑战权威。朋友问我后来吃到熟梨糕了吗？我说，吃到了。后来其他摊贩看爷爷的生意好，也都不卖零食改卖熟梨糕了，供大于求之后熟梨糕也走下了神坛。

熟梨糕

常用的小料是橘子酱、草莓酱、巧克力酱……花花绿绿地放在一起，跟调色盘一样，酸甜可口。

熟梨糕 的 做法

食材：大米、红果酱、豆沙酱、黑芝麻酱、苹果酱、巧克力酱、蓝莓酱等。

1 把大米洗净后放入容器内，加水浸泡一夜，泡到用手指能将米粒捏碎。

2 把水控净后，用研磨机把大米打碎并过筛。上屉用大火蒸 20 分钟。

3 准备好碗状的模具，刷上油，把蒸好的米粉分别放入模具中。

4 把模具放入蒸屉中用大火蒸几分钟，然后趁热倒扣出来，最后在米糕上放入自己喜欢的酱料即可。

绿豆糕 的 做法

食材：绿豆、黄油、细砂糖、麦芽糖。

1 将绿豆洗净后提前浸泡一夜，等到绿豆发胀，轻轻剥去绿豆的皮。如果嫌剥绿豆皮麻烦可以买现成的去皮绿豆或者绿豆粉。

2 将绿豆加水放入蒸锅里蒸熟，用研磨机搅成泥，过筛备用。

3 在锅内放入黄油，微微熔化后放入绿豆泥，用小火一直翻炒。大概 5 分钟后加入细砂糖和麦芽糖继续翻炒，要不停地拌炒，以防锅底烧焦。待糖和豆泥完全融合，炒成一个不粘锅的团状，放凉备用。

4 将绿豆泥分成若干等份搓圆，喜欢吃带馅儿的也可以在绿豆泥中包入红豆馅儿，然后用月饼模压制成型。做好的绿豆糕放入冰箱冷藏后食用，风味更佳。

天津三鲜饺子
深入心髓，无法割舍

天津人吃饺子一般要吃三鲜的。三鲜其实有两种选择，要么韭菜猪肉，要么茴香猪肉。两种蔬菜，一个味重，一个味轻，各有人喜欢，也各有人讨厌。为了提鲜，常常放一些虾仁，滋味更鲜美。

每到过年，欢天喜地，家家户户都要吃团圆饭。中国人最重视春节了，从大年三十到正月十五，每天吃什么都要跟着"老例儿"走。关于过年的饮食习俗，听到过这样一个顺口溜："初一饺子初二面，初三合子往家转，初四烙饼炒鸡蛋。初五、初六捏面团，初七、初八炸年糕，初九、初十白米饭，十一、十二八宝粥，十三、十四余汤丸，正月十五元宵圆。"然而天津版本从初五开始就变了："初四烙饼炒鸡蛋，初五的饺子，初六的饺子，初七的饺子，初八的饺子，初九的饺子，初十的饺子，饺子拐弯……"得，这要吃到什么时候啊，我们到底是多爱吃饺子？

捞面、饺子，这是天津人内心深处最无法割舍的食物，相对于前者，饺子的意义更大。因为除夕夜十二点后，是辞旧迎新的第一个子时，一夜连双岁，子时更岁，更岁交子，在这新年的第一天，天津人把饺子当成第一餐，足见它的江湖地位。

饺子的彩头好，"回家吃饺子去"也跟吃捞面一样，都是因为遇到什么开心事了。都说"送行的饺子，接风的面"，可为什么要吃这两样呢？每个人不管是长途旅行还是定居他国，都是人生中很重要的一项内容，无论去向哪里，总是要事无巨细地做准备。这就和吃饺子一样，虽然成品不像一桌酒席那样五花八门，但包饺子也是一件烦琐的事情，和面、擀饺子皮、切菜、切肉、和馅儿、包饺子、煮饺子……每一样都不简单，这也说明出行前的准备工作总是要做得完美。而回家则意味着结束了一段征程，有的人回来得匆忙，家人来不及采买菜、肉包饺子，面条反倒成了首选，虽然不能做成四碟捞面那么精致，但可以用家里现成的蔬菜拌个面暖暖胃，也是不错的选择。

天津人吃饺子一般要吃三鲜的。三鲜其实有两种选择，要么韭菜猪肉，要么茴香猪肉。两种蔬菜，一个味重，一个味轻，各有人喜欢，也各有人讨厌。为了提鲜，常常放一些虾仁，滋味更鲜美。有时候为了换换口味，就要舍去标配的选择，比如西葫芦羊肉、西葫芦牛肉、胡萝卜羊肉、白菜猪肉等荤菜馅儿饺子。荤素搭配的馅儿，一般都以"常行馅儿"为主，配什么样的菜，就叫什么品名的饺子，简明易懂。家里有老人的还喜欢包素馅儿饺子，像韭菜粉皮鸡蛋、圆白菜鸡蛋、黄瓜鸡蛋，像豆角、芹菜、野菜等都可以入馅儿。

要说天津人最爱吃的，还得要数韭菜猪肉饺子，可偏偏我不吃韭菜，所以我家里每次包饺子都要包两种荤菜馅儿。把肉馅儿调好后，取出一部分放入茴香碎，剩下的肉馅儿则放入韭菜，这样就能包出两种不同的饺子了。家中老人上了岁数，胃口不好消化，肉过多、过肥都不利于身体健康，因此还常常要包第三种素馅儿饺子，所以每次我家吃饺子都是个不小的工程。

不得不提的是，天津人的素馅儿饺子里最著名的就是初一凌晨的那顿了。素饺子代表着素净、纯粹、少惹麻烦，这跟天津人的秉性不谋而合，所以我们以这种方式寄语来年的运势，期待阴历年的头一天有个好兆头。而大年初一吃的素饺子家家户户包的都是由香干、木耳、豆芽菜、面筋、粉皮、酱豆腐、麻酱等十多种材料组成馅儿料的饺子。

　　老一辈说，以前吃饺子常去鸟市的白记饺子馆，至今还能找到，在这家店能吃到正宗的牛、羊肉水饺。白记水饺在 1930 年开业，最早在鸟市游艺场制售，创始人是白文华。它是用冷面团做皮，包上牛、羊肉两种馅儿。其清香不腻的秘诀在于用料，主要选取牛羊肋条、后臀两个部位的肉，剔净筋、软骨，肥瘦肉搭配好，绞成肉馅儿，而和牛、羊肉馅儿最为搭配的就是白菜和西葫芦。肉馅儿加花椒水时不能一次全部加入，要边搅拌边加入，还要朝一个方向，中间不要改变方向，这样才能去除腥味，提升口感。在过去，除了白记饺子馆，天津官银号的玉顺楼、东门脸的中立园、南市的文华斋、西南角的杨巴水饺馆也都是靠饺子成名的。

　　说到饺子，还有几种花式吃法。有的人喜欢在过年这种热闹的节日中，在某一个饺子里放入一枚硬币，吃的时候如果哪个家庭成员吃到了这个饺子，寓示着他在来年会有好运。而天津人没有这个习俗，大年三十晚上会包几个合子代表和和美美，全家幸福安康。平日包饺子有时也能看到合子，原因非常简单，就是包到最后馅儿少皮多了呗，天津妇女有的是办法不浪费一丝一毫的食材。

　　吃剩的饺子也能"变废为宝"，千万不能蒸或者放进微波炉热，这样肯定会风味尽失。最好的办法就是油煎，省时省力，酥香可口。有时候晚上饿了，冰箱里的凉饺子也能对付一下，常吃的办法是：在开水中泡入几个水饺，还可以加一点儿米饭，放入一点儿调味料和咸菜，这样一碗大杂烩倒也滋味无穷呢。

ᑻ 寻味记事 ᑻ

第一次听说饺子在古代被称为"牢丸""扁食""饺饵""粉角"的说法是在我 10 岁的时候，是听小陈阿姨说起的。

我吃饭比较挑剔，不吃葱蒜，所以外面带肉馅儿的东西根本不吃，饺子也只吃自己家里做的，直到现在也还是这样。天津人大都爱吃韭菜馅儿饺子，茴香馅儿的往往就做个点缀，很少有人跟我一样酷爱茴香，除了小陈阿姨。

想起来那会儿应该是 20 年前了，小陈阿姨也就 30 岁出头，跟我现在的年纪相仿，当时的大胡同刚刚兴起做小生意，是著名的小商品集聚地。以前并不起眼儿的街道一下子塞进了各种小摊、大棚，住在附近的人也纷纷头脑活络地租下一两个摊位，或自己贩卖零碎物品，或租出去挣钱。小陈阿姨就在这个节骨眼儿上摆了一个小摊位卖文具。

她的摊位一开业就非常火爆，一是因为位置明显，二则是因为她的美貌。我是不是还没提起过她的美丽？

如果拿一个明星做比喻的话，她的相貌应该接近于高圆圆，高挑靓丽，大眼睛，清纯可人，声音温柔，气质也异常高雅。一切都很完美，除了她的跛脚。

谁都不知道她的跛脚到底是先天的还是因为事故，总之这么好看的女人只能下嫁给了一个老光棍。那个男人我见过，很矮，很丑，还很凶，大家都很同情她。

我也是她摊位上的常客，经常买一些好看的本啊，笔啊，小头绳什么的，一来二去就和她混熟了。有时小陈阿姨会带着自己的女儿一块儿摆摊，小姑娘倒是不像她爸爸，长得跟妈妈一样标致，那时候大概三四岁的样子。

忘记了因为什么，我们就聊起了饺子，我惊讶地发现她和我一样只吃茴香，不吃韭菜。有时候她还把自己包的饺子拿来给我尝一个，我也打破了自己不吃外人饺子的习惯，因为她包的饺子比我家的还好吃。

当时我太小，根本不能理解大人的世界，她的美丽、勤劳、跛脚、坏脾气的丑老公，这些因素之间到底意味着什么我毫不在意，只是在大人的只言片语中，通过回忆慢慢地在大脑中拼凑出她的人生经历。

有时候，小陈阿姨连续两天不出摊，出摊后大家就发现她的额头会有一块瘀青，她的女儿也越来越沉默，我想那时候的她一定在酝酿着新的人生计划。

谁都没想到，在我上初中的时候，小陈阿姨的饺子馆开业了。四周的小商贩们都会隔三岔五地去她的店里吃饺子，连不爱吃茴香馅儿的人也要点上一份。我记得她和我说过，她的饺子之所以好吃其实没有什么特别之处，就是选材新鲜，舍得放肉和虾仁，价格公道实惠，大家都成为回头客也是理所应当。更何况，老板娘这么美，"饺子西施"也就这么被叫起来了。

不知道从什么时候起，我就再也没见过小陈阿姨，也许是因为我学业忙碌，也许是因为她开店辛苦，反正再也没有人和我一起讨论茴香有多好吃，饺子的叫法有多少种。15岁的时候，我搬家了，更和她没有了交集。那时候，她的女儿也已经上了小学，她也早就和那个老男人离了婚，自己出来单过了。

上大学的时候曾经路过以前的住所，熙熙攘攘的大胡同还是那个老样子，我凭着记忆走了好几条街想找她的饺子馆，最后以失败告终。老邻居告诉我，小陈阿姨已经在其他地方开了更大的店，还是主打饺子。

我觉得，根本不用打听，小陈阿姨现在一定过得不错吧！

饺 子

包饺子也是一件烦琐的事情，和面、擀饺子皮、切菜、切肉、和馅儿、包饺子、煮饺子……每一样都不简单。

茴香三鲜饺子的做法

食材：面粉、猪肉馅儿、鸡蛋、虾仁、茴香、葱末儿、姜末儿、盐、味精、香油、酱油。

1　面粉加水和成一个光滑的面团，饧20分钟，然后搓成长条，揪成一个个的小面剂儿，擀成圆圆的饺子皮。

2　把鸡蛋打散，炒至半熟备用。将茴香洗净切碎，虾仁洗净切成大块。在猪肉馅儿里放入盐、味精、香油、酱油、葱末儿、姜末儿调味。把肉馅儿、鸡蛋、虾仁、茴香放入盆中顺着一个方向搅匀。

3　开始包的时候，要用保鲜膜盖住面皮，避免表面干燥。在饺子皮上放好馅儿后，一手托住，另一手将饺子皮的两边捏合即成为一个饺子。

4　在大锅中将水煮开，将饺子倒入水中，注意不要一次放太多，否则容易粘连。用勺背把饺子在锅中推动旋转，然后盖好盖子煮开。其间反复加入两三次冷水，待饺子肚大飘起便可捞出装盘。配以香醋、辣椒油等蘸料即可食用。

捞　面

喜庆之时从不缺席

　　喜面和平时家里的捞面比除了热菜丰盛、菜码齐全外，最重要的一点就是一定要有红色粉皮。平时我们拌凉菜或者吃炖菜爱放晶莹剔透的胶质粉皮，结婚当天因为要讨个好彩头，女眷们头上要戴大红色的喜字儿不说，桌上的菜码里也必须有红色。红粉皮就是用食用色素把粉皮染红了，吃喜面时，人们会夹上一筷子红粉皮，沾沾新人的喜气。

天津的风俗有很多地方都很另类。就拿结婚来说吧，估计全国人民结婚都要放在上午，只有天津人漫不经心地在下午办典礼。究其原因，一说是遵循古礼，古代的婚礼就是黄昏举行，然后"洞房花烛夜"；一说是天津曾为九国租界，洋人都是下午举办婚礼，天津人也就学会了；还有种说法是天津以前是漕运码头，后来是工业城市，城市里工人居多，晚上举行婚礼不耽误宴请宾客的时间；而天津人认为最合理的解释，据《天津志》记载，下午办事是因为天津人懒，起床就已经中午了，所以简单梳洗一下就下午了。天津人的随性真是让人大开眼界。

我们的婚宴是在晚上进行，典礼在下午，亲戚们一般中午就来家里吃捞面，也就是喜面。对于天津人，每逢喜庆的日子都缺少不了捞面，不仅仅是嫁闺女、娶媳妇、过生日、过年、搬新家，就连出差归家、大病初愈，都要吃顿捞面庆祝一下。"嘿，回家吃顿捞面去！"这是天津老百姓常说的一句话，寓意在于遇到好事了或者躲避了灾祸。外地人可能觉得吃顿面条是为了充饥，图个省事儿，并没有什么档次和排场。但天津捞面的讲究非常多，捞面和煎饼馃子在天津人心目中都是神圣不可替代的。

捞面在天津虽然经典又好吃，但就像煎饼馃子一样，谁也说不出哪家店的最好。如果说煎饼馃子是自家楼下最好吃的话，那么捞面则是自己家做得最好了。

先说喜面。在天津的捞面体系中，喜面的地位是至高无上的。天津人结婚必须得吃捞面，没有一家是例外的，大概因为婚姻大事不是儿戏，喜面的出场总是有套路的，并且非常隆重。因为怕麻烦，所以现在天津人结婚中午一般都在饭店吃。听老人说，过去的传统面席包含四冷荤、四炒菜、四面菜、四面码、红白两面卤，现在就稍微简约一点儿，但必须要有一碟糖醋面筋丝儿、一碟清炒鸡蛋、一碟清炒虾仁和一碟肉丝炒香干。菜码不求贵但求全，一般会出现黄瓜丝、豆芽菜、菠菜、胡萝卜丝、紫菜头，还有煮熟的黄豆、青豆、红粉皮等。

捞面的重头戏其实是卤。天津捞面的卤种类不少，正宗的喜面用的是三鲜卤。天津人好吃海鲜，沿海城市里海鲜又比较好买，三鲜打卤面、三鲜馅儿饺子，天津人讲究的就是这个"鲜"字。三鲜卤里通常会出现香菇、黑木耳、花菜、鸡蛋、凤尾菇、虾、香干、面筋、猪里脊等，用酱油、味精、盐、醋等调味，最后用淀粉勾芡。三鲜卤咸鲜浓稠，不但有虾仁提鲜，香菇、木耳、花菜等也为其增色不少。

吃喜面也讲究先后顺序，吃面用的碗都很大，每个人都先夹上半碗面条，舀上一勺三鲜卤，然后把每种热菜都夹上一些放在面条上，最后再把菜码放在热菜上，所有人都是满满当当的一大碗，把菜和面搅匀，便可呼噜呼噜地吃起来。等到上菜常常要半个小时，可菜一齐开吃也就十几分钟。喜面和平时家里的捞面比，除了热菜丰盛、菜码齐全外，最重要的一点就是一定要有红色粉皮。平时，我们拌凉菜或者吃炖菜爱放晶莹剔透的胶质粉皮，结婚当天因为要讨个好彩头，女眷们头上要戴大红色的喜字儿不说，桌上的菜码里也必须有红色。红粉皮就是用食用色素把粉皮染红了，吃喜面时，人们会夹上一筷子红粉皮，沾沾新人的喜气。

天津人好热闹，跟街坊邻居往往处得都很融洽，婚丧嫁娶街坊四邻都会随份子，关系好的邻居会跟着主家去饭馆吃喜面，走得不那么近的往往随上200块钱就不会出席了。这时候，主家就会派一个亲属负责给这些邻居们送喜面，通常会用一个大盆或者一个大海碗，装着满满的面条、热菜、菜码，最上面就要放上一些红粉皮。端着面条走在小区里，别人一瞥就知道这是去送喜面了，一份面能够人家里两三个人吃，中午就不用做饭了。除了喜面，主家还会送上一包糖果和一盒烟，皆大欢喜。除了邻居，家里正在化妆的新娘子和闺蜜们以及留守的亲属，也都眼巴巴地等着捞面的到来。

家里的捞面就没有什么套路可言，每家的做法都不一样。为什么说捞面是自己家里做的才最好吃呢？那是因为每家的掌勺之人都摸透了家里人的饮食喜好，调整好了食材种类和配比，满足了每个家庭成员的胃口，所以在天津有"铁打的捞面流水的卤"之说。家里做的捞面精华也在卤上，最常见的就是喜面里的三鲜卤，也有羊肉白菜卤、西红柿鸡蛋卤、炸酱卤……卤也应时应景，常有时令生鲜出场，春季有鲜美的皮皮虾卤，夏天有爽口的芝麻酱和花椒油卤，到了中秋又有应景的蟹肉卤。除了打卤，天津人也喜欢把炒菜放到面条里拌，尖椒炒肉（鸡蛋）、鱼香肉丝、虾仁黄瓜，和面条都很搭。虽然老北京炸酱面在天津异军突起，但捞面还是有着谁也替代不了的属于家的味道。

有好事才吃捞面，这是天津人根深蒂固的执念。清末民初，号称十大饭庄之一的"先得月"首先推出了天津正宗风味的"捞面席"，而且春夏秋冬各不相同，自成系列，将津门老百姓的平常饭捞面搬上了大雅之堂。

天津人一年要吃多少次捞面呢？这可没法统计，不过正经八百的四碟儿捞面总是要吃几次的。首先，过生日要吃，有很大一部分天津人在家里要过农历的生日，生日前一天要吃饺子，这叫催生，而生日当天家里人是一定会做捞面的。我结婚以前每年过生日的内容都大同小异，父母给准备的都是一模一样的一个生日蛋糕，一桌子捞面，但我每年都乐此不疲地盼望着，相信很多没有离家的孩子都曾经历过或者正在经历着这种感觉。

老人过生日就比年轻人隆重得多，儿女多的家庭通常要热闹一整天，所以都会把老人的生日提前或者错后到周末，方便家里的上班族和学生党也能出席。老人的生日当天，中午也是要吃四碟儿捞面的。现在人们的生活水平高了，大家又懒得做饭，晚上的生日宴一般都在饭店吃，预订一个大号的包间，两三桌子二三十口子人，热热闹闹的，透着人丁兴旺，让人羡慕。人来得越多说明老人在家族的威望越高，也说明家庭和睦，日子红火。子孙们通常会买好几个大蛋糕，挑一个最大的点上蜡烛，祝福老人身体健康、长命百岁。生日宴一般不会再吃捞面了，会点一桌子炒菜，看到这家子提了这么多蛋糕进来，服务员就能猜出家里有老人过生日，所以就会主动提出来送一份长寿面，有的还会送一份寿桃。长寿面就是手擀面，里面只有一根面条，但长度了得，意在祝福老人长寿安康。

　　都说初一的饺子初二的面，大年初二是雷打不动要吃捞面的。在天津，初二是姑爷节，这一天，家家户户的女人们都要带着老公和孩子回娘家过节。女人们还要把全家人打扮得体体面面地出门，提着点心和酒，证明自己嫁得不错，生活美满，让父母和姐妹们放心，所以初二的出租车比三十那天还难打上。我们家姨妈很多，初二那天就是个大阵仗。小时候人齐，姥姥还健在，每年初二，小二十口人都挤在姥姥的小平房里。大人们炸糖醋面筋、炒鸡蛋、炒虾仁，准备菜码。小孩子们则一会儿在阁楼上打闹，一会儿跑到胡同口买烟花。晚上菜摆好，一人发一碗面条，跟吃自助餐似的，每个人都举着碗拿着筷子在大桌子上夹菜，各种虾仁、瘦肉、面筋、香干、花菜、香菇、黄瓜丝、豆芽菜……和面条拌在一起，满满一大碗，各是各的味，但又不抢戏，找个角落一坐，热乎乎地吃一碗，岁岁年年，真是舒坦。

出门远游回到家中，父母也总是提前问好时间，放下这些时日担惊受怕的心，出门采买，不辞辛苦地准备好捞面，庆祝孩子平安抵家，也有接风洗尘的含义。这几年亲友中有不少移民在外的，每年春节前夕都要回家和长辈团聚，家中关系不错的亲戚都会聚在一起，吃顿像样的捞面，看看归家的人有什么变化，也聊聊国外的新鲜事。

捞面虽然只有"简单"两个字，但制作起来堪比一桌子宴席，要想让家人吃得满意、开心，就需要做饭的人花很长时间准备和操作，是一件非常辛苦的差事。但每每吃捞面，又预示着美好的事情发生，我想捞面之所以好吃，也因为做饭的人每次做捞面的心情都不错吧！

捞面

捞面的精华全在卤上，最常见的就是喜面里的三鲜卤，也有羊肉白菜卤、西红柿鸡蛋卤、炸酱卤……

捞面 ⑩ 做法

食材:手擀面、精瘦肉、虾仁、鸡蛋、香菇、香干、面筋、木耳、黄花菜、黄瓜、胡萝卜、紫菜头、菠菜、豆芽菜、黄豆、甜面酱、葱末儿、姜末儿、八角、花椒、盐、淀粉、味精、酱油、香油、食用油。

1　准备菜码。将黄瓜、胡萝卜、紫菜头切丝,菠菜切段,然后把胡萝卜丝、紫菜头丝、菠菜、豆芽菜、黄豆全部焯熟,分别摆盘。

2　制作三鲜卤。黄花菜、木耳、香菇用温水泡开切丝,面筋、香干切块,瘦肉切片,鸡蛋打散。油热后下葱姜末儿、八角、花椒炝锅,依次放入肉片、黄花菜、木耳、香菇、面筋和香干煸炒,加入酱油、甜面酱炒香,再兑入适量水中火熬煮 20 分钟左右,放入虾仁煮熟,最后用淀粉勾芡,倒入鸡蛋液打出蛋花。出锅前放入盐、味精和香油调味即可。

3　除了三鲜卤,还要做糖醋面筋、香干炒肉、清炒虾仁、炒鸡蛋四道菜。将菜码、三鲜卤、一盆面条摆上桌后,即可开席。

海蟹怎么吃？当然也要吃它的原汁原味，所以清蒸海蟹最为妥帖。海蟹一般是河蟹的两到三倍大小，因为在海里生长，海味则更为浓郁。海蟹的蟹肉雪白雪白的，肉质紧实呈丝状，新鲜的海蟹鲜嫩中还带着甜香。

我的同事赵睿在报纸上曾经发表过一篇文章，诉说对螃蟹的情谊，她写道："当年有段相声，说一个人特别节省，看家里还有二两醋，怕浪费就买了几斤螃蟹给打扫了。听到这儿，全国人民都乐了，就天津人没乐。看着别人乐，天津人嘟着脸子心想：弄么滴了，介有嘛可乐的呢，难道介样做不对吗？那可是顶盖肥的'大螃盖'啊，二两醋与之相佐应该感到很荣幸啊。"没错，作为渤海湾大螃蟹的终身粉丝，天津人饭桌上的终极大菜永远是大螃蟹。

对喜爱的事物总会有个爱称，天津人就会把螃蟹称为"螃开"，用这两个字的叫法区分是不是本地人再合适不过了。"快来吃螃开唉，顶盖肥！"基本天津小孩儿都会被家长这样叫回家吃饭。天津人吃螃蟹非常简单，讲究吃的是海鲜的原始味道，港式的炒蟹、西式的加芝士的焗蟹，甚至醉蟹、拆蟹肉都被天津人所不齿，就像不能容忍在煎饼馃子里放生菜、火腿一样，这是"邪教"啊。

天津的"螃蟹教"应该分成两类。一类热衷于河螃蟹，也就是河蟹，不管是来自七里海的还是阳澄湖的都照单全收；而另一类则永远支持海螃蟹。一河一海各有千秋，天津人吃螃蟹就是这么有底气。

先说说我最喜欢的河蟹。相比个头大、蟹肉厚实的海螃蟹，河蟹则要小巧很多。天津人引以为豪的那句话就是"借钱买海货，不算不会过"，这里的海货我想十有八九都是指螃蟹吧。有句俗语说："秋风起，蟹脚痒。菊花开，闻蟹来。"每年九月、十月正是螃蟹黄多膏满之时，所以有食家言"秋天以吃螃蟹为最隆重之事"。再穷的天津人家里，到了吃螃蟹的季节，餐桌上都少不了一大盘子蒸得红彤彤的蟹，尤其是中秋佳节最为壮观。虽然当天的螃蟹价格最贵，可是即便是囊中羞涩，这天也是要买几只来过嘴瘾啊。下午6点一过，刷一下自己的朋友圈，天津人晒的自己的中秋家宴餐桌上，百分之一万都少不了螃蟹的身影。

　　天津人吃螃蟹实在，不太追求品牌，老百姓都会去附近的市场选购。买的时候为了不打眼，一个劲儿地提醒海鲜摊位老板："我可要个个都活的啊！"河螃蟹是绝对不能食死蟹的。即使长有火眼金睛的主妇，买了心仪的蟹回到家里，还是会有不满足。塑料袋太厚了，袋子里还带着水呢，绑螃蟹脚的皮筋怎么那么粗……为什么主妇们火大呢？因为塑料袋、皮筋和水，这些都要按照螃蟹价格来一起付账的。

　　买来的新鲜河蟹是青色的，活力十足，趁着新鲜赶紧扔进锅里蒸，这时候不能怕残忍，毕竟螃蟹买了就是用来吃的嘛。河蟹分公母，我们一般叫作长脐和圆脐，长为公，圆为母，看螃蟹的背面就能看出来。公母都有不同的人喜欢，不分伯仲，所以买螃蟹的主妇都会各自买一半。我喜欢长脐，因为螃蟹中间有一层厚厚的、油油的白色蟹膏，它有着热量满满的胆固醇，但是也有满满的幸福感。吃到嘴中，黏密厚实，能把上下牙膛黏住。在我看来，河蟹的美好和精髓就在于这一嘴的蟹膏，蟹肉的味道则淡了许多。母螃蟹则要食它肥美的蟹籽，质量上乘的母蟹的蟹籽是金黄色的，带着油脂，鲜美可口，不可多得。无论公母，螃蟹都要蘸着特调的料来吃，各家的吃法不一样，我一般喜欢在小碗里放醋、少许酱油和姜末儿蘸着来吃。醋能激发蟹肉的鲜香，酱油提味儿，姜末儿能杀菌，并中和蟹的凉性，这就是天津人最朴实的养生法则。

天津人也爱吃北塘的螃蟹，大概是源于北塘的蟹品种繁多。从春天开始就能吃"差脐"，因为春季的螃蟹公母混杂，从脐上根本分不出来，但这种"差脐"味道异常鲜美。夏季公螃蟹盛行，个个膏脂丰满。秋季自不必说，公母蟹都肥到峰值。冬天则吃蟹酱，是用秋天的蟹早就腌制好的。这一年四季都有螃蟹吃，真是快乐似神仙啊。

在天津，喜欢海螃蟹的人群似乎更多。一年当中，春秋两季都能吃到海螃蟹。谷雨是春天最后一个节气，听老人们说谷雨到了，海螃蟹也就上市了。卫嘴子盼星星盼月亮，终于迎来了这一天。很多天津人都喜欢吃这个季节的海蟹，因为这时候的海蟹膏最肥，营养价值也最高。

海蟹怎么吃？当然也要吃它的原汁原味，所以清蒸海蟹最为妥帖。海蟹一般是河蟹的两到三倍大小，因为在海里生长，海味则更为浓郁。海蟹的蟹肉雪白雪白的，肉质紧实呈丝状，新鲜的海蟹鲜嫩中还带着甜香。大块大块的蟹肉比起河蟹来确实要豪气很多，所以海蟹的拥趸都喜欢这种吃到嘴里的满足感。

天津人到底有多爱螃蟹呢？反正每年开海之后，各家媒体都把螃蟹上市当成重大新闻来做，放在新媒体上也是分分钟阅读量数十万呢。

寻味记事

我从小生活在天津的市内六区，我妈比较宅，除了带我去滨江道逛街和吃麦当劳，很少带我出去玩。除了红桥区与和平区，其他四个区我上大学前几乎很少涉足，更别说较远的塘沽区（现在已被划分到滨海新区）了。结婚后倒有不少机会往塘沽跑，因为老公的外婆外公一大家子人就是土生土长的塘沽人。

都说天津以前是码头城市，现在是沿海城市，但印象里只有像青岛这样的城市才叫沿海，天津六区的人去看海得先开一个小时车到塘沽。塘沽守着海，当然盛产海货了，即使现在，天津六区的人甚至北京来朋友还是很喜欢开车去塘沽吃海鲜。

我有个塘沽螃蟹的故事，其实是关于我老公的，常常听他绘声绘色地讲起。自从天津修了轻轨，从市区到塘沽已经非常便捷了，很多市内的天津人也会选择去更远的地方上班，即使每天往返也不是件太困难的事情。可在以前，去趟塘沽不亚于去趟北京，对于小孩子来讲更是充军发配一样。

我老公小时候每年都要这样舟车劳顿地充军发配一次，是跟着他妈妈回姥姥家时。早晨从家里出发，先坐公交车到天津最繁华的劝业场坐小巴，然后再晃晃悠悠地开到洋货市场，时间久的话到半路还要停车休息一下，让大家下来透口气上个厕所。到了洋货市场还不算完，还要倒公交车才能抵达。他小时候晕车严重，每次去都晕头转向，吐得七荤八素。

现在我们去姥姥家大都是开车，沿着津滨高速或者天津大道开，只需要四五十分钟就能到达，方便了不少。每次开车途中，他都会苦笑着说起那段儿时"苦难"的回忆。有一次我问："这么痛苦，为什么还总去？"他说："因为特别想吃塘沽的海鲜，尤其是螃蟹。"从小就是吃货，那可就没办法了。

如今，塘沽的海鲜也成了我的最爱。

去姥姥家一般都是逢年过节、老人过生日、弟弟妹妹结婚或是孩子百天时，无外乎都是大喜之事，都要去外面隆重地吃一餐才行。在塘沽，无论饭馆大小，全都备有海鲜，直接可以去店里一楼的海鲜池子里选择，保证有活力，够新鲜。塘沽的海鲜比起市区里，其实算不上便宜很多，可是总能吃到一种超鲜超嫩的味道。除了螃蟹，我们还喜欢点皮皮虾、蛏子、海螺、蛤蜊、海虾，大部分清蒸，还能做辣炒的。简简单单的做法，不用华丽的手法，如果再配上冰镇的啤酒，顿时就会觉得往返两个小时真是超值啊。

有时候和弟弟妹妹小聚，也会选择海鲜大排档，海鲜都是论斤称重，然后收点儿加工费。他们选择的摊位全都是人声鼎沸、座无虚席，价格比起大饭馆可要亲民太多，也不必要求他们精致地摆盘，味道好接地气才是第一位的。除了海鲜，还可以让旁边的摊位送烤串过来，也是当地非常火的店，结账时老板抓一下吃过的签子就能告诉你价格，你要不信可以数一下，基本上八九不离十。

临走的时候，我们还会买一些生的海鲜带回去，或蒸或煮，都是美美地吃一餐。最近一两年工作太忙，加上带孩子，很少去塘沽了。有时候孩子的奶奶招呼我们回家吃海鲜，我们就能猜到，一定是又去塘沽吧！

螃蟹

醋能激发蟹肉的鲜香，酱油提味儿，姜末儿能杀菌，并中和蟹的凉性，这就是天津人最朴实的养生法则。

食蟹 的 方法

挑选: 先观外表，蟹色鲜明、青背白肚、金爪黄毛者品质好。个大、健壮、厚实、手感沉重的为肥大壮实的好蟹。用手指压蟹足，足丰厚则身饱满。最后用手指轻敲其眼睛附近，凡眼睛闪动灵活，口吐泡沫的，食味必鲜。

清理: 蒸螃蟹前用刷子洗净泥沙。蒸熟后，讲究的人会"四清除"。一清除蟹胃，蟹胃俗称"蟹和尚"，在背壳前缘中央一块三角形的骨质小包，内有污沙；二清除蟹肠，即由蟹胃通到蟹脐的一条黑线；三清除蟹心，蟹心极寒，呈六角形，又叫"六角肉"，它在蟹的中央，一块黑色膜衣下，食用时可拿一只蟹脚尖挑出；四清除蟹腮，长在蟹腹部如同眉毛状的两排软绵绵的东西，又称"蟹百叶"。会缠的最好把螃蟹缠上，事实证明还是缠上的螃蟹蒸出来既好吃又规整。

1　天津人最爱的螃蟹最优的做法就是清蒸，做法也最简单: 蒸锅里放水，有人还喜欢加入姜片和葱结，不过我们家传统的做法就是放清水而已。水烧开后，把捆好的螃蟹放入蒸屉上，盖上盖子。用大火蒸5分钟，再转中火蒸10分钟，即可关火。

2　清蒸螃蟹的调味料是点睛之笔。一般天津人的蘸料是香醋和姜末儿，也有人爱放蒜末儿，意在杀菌。南方人的蘸料更为复杂，有时会放一些酱油，也有放香油的，还有一些秘制的调料就不得而知了。

津味羊汤

补充元气的绝佳选择

> 好的羊汤讲究的是肉烂汤浓，不膻不腥。羊汤又称羊杂汤，还有的地方叫白汤杂碎。它们的原料为羊的杂碎，主要有羊肚、羊肺、羊肠、羊肝、羊头肉等，和葱、姜、蒜、花椒等一起熬煮，煮熟即为淡淡的乳白色，泛着清亮的羊油。

在天津，男女老少都非常爱吃羊汤，其实还挺像羊杂版本的卤煮，用的原材料是羊的下水。

如果让天津人推荐一家靠谱的羊汤店，估计一多半的人会选择坐落在南开区的"春雨"。而对于我而言，家门口的"四辈羊汤"才是我的私人食堂。

四辈羊汤总店的地点在红桥，即使交通不是那么便利，店门口仅有的十多个车位还是抢都抢不上，常常挨着停了一排又一排，所以喝羊汤的时候，总是有顾客吃完了去取车，然后又折回来冲着店里人喊"尾号×××的车是谁的？把我的车堵上啦！"这也是店里的一景。

这家店很有个性，只做早餐和午餐，下午就关门歇业了，门口的车位也都空了出来。我有时候起晚了，10点或者11点左右，不知道是吃个早餐还是等着午饭的时候，经常会选择去四辈喝羊汤。一碗羊汤，一个烧饼，热气腾腾地吃进肚子里，热量、味道都是爆棚，一直能撑到晚饭都不饿呢。有时候和朋友一起来，还会多要一些菜分食，比如水爆肚、羊蝎子、拌羊脑，虽然不是大块的羊肉，却有种吃野味的畅快。

好的羊汤讲究的是肉烂汤浓，不膻不腥。羊汤又称羊杂汤，还有的地方叫白汤杂碎。它们的原料为羊的杂碎，主要有羊肚、羊肺、羊肠、羊肝、羊头肉等，和葱、姜、蒜、花椒等一起熬煮，煮熟即为淡淡的乳白色，泛着清亮的羊油。因为每家的配料不同，所以汤色也有区别。有的店会在汤里放入一些中药增加滋补的效果，汤色则略深；有人喜欢用骨头汤熬煮，汤色则奶白。四辈的汤略微清澈，没有多余的味道，呈现的是羊杂的原味。四辈还有一个地方吸引我的就是桌子上放的辣子，似乎是用羊油炸过的，非常湿润。有的食客喜欢在汤里放麻酱和韭菜花，我则要放上大勺的红辣子。舀一勺羊杂混着羊汤，上面漂浮着香菜碎和辣椒，放入口中，满嘴都是羊脂的醇香和肉的嫩滑，羊肉特别的香气冲入体内，全身立即恢复了元气。

天津的很多小馆都跟麦当劳一样，顾客要去收银台点餐，然后排队拿食物，四辈也是如此，必须摸清套路才行，否则很容易露怯。首先要去点餐付款，点餐台上会有价目表，还有各色装盘完成的凉菜和拌肉菜，羊汤不论大碗或小碗的价格都一目了然，付完款，凉菜、拌菜、烧饼就可以直接端走啦。购买完羊汤则会发给你一个牌子，凭着它就可以去煮羊汤的柜台领取。这里有个小贴士必须要注意，喝四辈的羊汤最好两个人以上一起，因为上午经常爆满，一个人点餐付款领汤，另一个人去占位置最为保险。我就曾经在四辈的店里看到有一个来吃饭的大哥，端着一碗滚烫的羊汤走来走去，四处张望，还得靠有经验的老服务员替他拼个座位才行。

等羊汤的时间最长，窗口前排个一二十人是司空见惯的事。慢就慢在汤虽是现成的，可是羊杂需要现煮，在窗口就能对里面的制作过程一目了然。两排炉火一字排开，每个灶眼儿都不闲着，火上都坐着一口小锅，锅里沸腾着羊杂汤，煮熟了倒入大碗中，收了牌子交给顾客，一气呵成，顾客一边欣赏一边等着倒也不觉得烦闷。店里的座位不少，却还是人满为患，找座位要自力更生，眼疾屁股快。服务员都是老店作风，只管收碗筷擦桌子，别的基本指望不上，所以也不能说服务不好，只能说压根儿就不用人家服务啊，大家都自助吧。

来四辈喝羊汤的顾客，"三教九流"什么身份的人都有，既有斯斯文文的上班族和开着大奔、玛莎拉蒂来的大款老板，也有街头的混混儿和戴着金链子文着龙的"大哥"。大家都挤在一起交费、排队、端羊汤，虽然形形色色，但吃的都是平价的羊汤，最多饭量大的要个大碗，要的主食也无外乎油酥烧饼。抛开身份地位，大家没有丝毫的差别，都是为了心中的美食聚在一家店里。

类似的老店有很多都隐藏在红桥区里，除了四辈羊汤，还有在天津家喻户晓的窦四牛杂面，秉承了天津人口重喜咸的口味，又适时地加入大剂量的麻和辣，仅用一口就能征服食客，从而让别人记住它的味觉符号。现在窦四已经在天津遍地开花，连我们报社门口的南楼地铁站里都有卖的。而窦四的本店当初就在复兴路路边的一个小平房里，装修简陋，四面透风，周围也是破破烂烂的，本以为很难找，结果店门口标志性地停满了各种好车，其中还不乏豪车。中午的时候已人山人海，很多上班族提着公文包穿着白衬衫慕名而来，都坐在铁凳子上，对着不锈钢盆装的大碗面条吃得大汗淋漓，大呼过瘾，让人不禁感叹牛杂的魅力。

∽ 寻味记事 ∽

　　没有华丽的名称，没有豪华的装修，四辈羊汤就那么静静地待在光荣道和咸阳北路的交口处，印象里最早的店面不在这里，但也离着不远。四辈不知道在其他地方怎么理解，在天津，一层意思是家族的第四代，而另一层意思则就是个爱称而已，没有什么深层次的讲究。

　　不知道从哪年开始有了四辈羊汤，我也忘记了从什么时候起看到了这家店，反正因为这市井气息浓郁的店名，我记住了它。小学时，隔壁班有个男生的外号就叫四辈，特别调皮，学习成绩不好，但因为人缘不错，常常和大家一起玩，连我都知道有这么一个家伙和我同年级。然后我们小学毕业后读初中，初二那年听同学说起来，四辈不小心掉进河里淹死了。从那以后，我每次经过那条河都会想起这个其实并不认识的男孩儿，没想到他再也没能长大，后来遇到四辈羊汤也偶尔会想起他来。

　　在四辈吃饭有一个特点：大多数食客都是结伴而来，即使单独一张桌子吃饭的也大多数是男人，单身女孩儿在这店里寥寥无几，我是怎么注意到的呢？记得我刚上班没多久，常常在红桥区的各个学校采访，学校的活动大多在早晨，我起得早就来不及也没胃口吃东西，活动结束后一看表才10点多，但我早已饥肠辘辘了。这时大脑发出信号，要我吃一些热量高的食物，于是四辈总是我的第一选择。自己排队交费，用烧饼占座，然后自己等汤。坐在临窗的位子一边看着车水马龙，一边喝汤吃羊杂，顺便扫一眼有没有人把我的车堵上，有时想想工作上的事，有时干脆放空大脑，一碗汤也让我喝出了咖啡馆的悠闲自得。环顾四周，像我这样一个女的自己喝汤的居然找不到第二个。

结婚后，我们夫妻俩周末要回我妈那待一天，四辈离我家不远，有时候不想吃家里的饭，我们俩就会跑出去喝个羊汤。那几年刚刚流行发微博，不管吃了什么，去了哪儿，都会在"街旁"这种软件上签到。刚刚我在自己的微博上搜索了一下四辈，居然搜出了好多条记录和照片。岁数一年年增长，唯有清汤羊杂、绿色的香菜浮在汤中的卖相始终未变。

还记得去年，有一次中午特别馋四辈，于是换好衣服就出门了，临走前在朋友圈发了一条信息"四辈羊汤求偶遇"，没想到同事吴迪秒回"这么巧，我和媳妇就在去四辈的路上"，原来小夫妻的周末午饭都想用羊汤打发。吴迪是山西人，他媳妇是山东人，爱吃羊汤都是在天津养成的习惯。和我一样，他们俩也是很久不吃就非常想念，特地从河西开车到红桥来吃。

连不爱在外面吃饭的我爸妈偶尔也会去四辈，我妈喝羊汤，我爸吃羊蝎子，再喝瓶小二，不用做饭刷碗了，轻松一下。后来，四辈也在天津开了不少加盟店，我们自己家附近就有两家，我们也去吃过，基本味道没变，可不在本店吃总觉得少了点儿感觉。

其实天津好喝的羊汤还有很多，我妈就特别爱买致美斋的羊汤，配着他们家的牛肉烧饼当早餐，在天津的早点界堪称豪华阵容。而我婆婆则喜欢在家里做羊汤，但因为少了老汤，总是略显寡淡。天津美食，总有些种类必须在小馆子里吃才对味，羊汤绝对是其中之一了。

羊汤

舀一勺羊杂混着羊汤，上面漂浮着香菜碎和辣椒，放入口中，满嘴都是羊脂的醇香和肉的嫩滑，羊肉特别的香气冲入体内，全身立即恢复了元气。

羊汤 的 做法

食材：羊杂（羊头肉、羊肺、羊肝、羊肚、羊肠等）、高汤、花椒、葱丝、姜片、蒜、生抽、白糖、盐、味精。

1　所有羊杂洗净、去血水后放入锅中，加入花椒、葱丝、姜片、蒜，煮至九成熟后捞出。

2　锅洗净置旺火上，倒入高汤，放进煮过的羊杂，加入生抽、盐，再加一点点白糖提味儿，烧沸后捞去浮沫，盖上盖子炖 1~1.5 小时。熬的时间越长，汤汁便越浓白，味道也越醇正。

3　煮好后盛入碗中，可依据个人口味添加香菜碎、麻酱、酱豆腐、白胡椒粉、炸辣子、味精等调味。

小贴士

制作羊杂汤时，选用的原料一定要新鲜，多泡洗几次，去净血水；锅要洗净，浮沫要去除干净，否则汤色差；原料要煮至软烂，汤要过滤一次以去除残渣。

罾蹦鲤鱼
带鳞活鱼的大胆创新

经过油炸后，鱼骨早已酥香浸透，细嚼之下竟如同在吃脆骨般有嚼劲儿。同时鱼骨和鱼鳞在嘴中发出清脆的响声，和鱼肉同吃，肉香混合着骨香、鳞香，口感软中带硬，富有层次，不禁让人食指大动。

津菜借助天津富饶的物产，历经几百年的发展，逐步完善成一个涵盖汉族菜、清真菜、素菜、家乡地方特色菜和民间风味小吃的完整体系。一提到天津的美食，外地人首先会想到的是狗不理包子和十八街麻花，甚至煎饼馃子。刨去这些津津有味的小吃不提，真要说几道能登大雅之堂、见厨师功力、拿得出手、镇得住脚的大菜，不得不说的就是津菜的代表菜之一罾蹦鲤鱼了。

天津特产质优量大的河海两鲜，于是形成了"喜尝鲜、好美食"的民风食俗。罾蹦鲤鱼和炒青虾仁一样，并不是所有馆子都能做的，厨师得是名师传授、科班出身，才敢做这道名菜。所以如果你在天津想吃罾蹦鲤鱼，非要去知名的津菜饭店不可。

单这第一个"罾"字，恐怕就让不少人为难。罾蹦鲤鱼的来历有好几种说法，有一种是形似论，说这道菜成形时，鲤鱼呈立体状，很像活鱼在罾网中挣扎蹦跃，故得此名。《庄子·胠箧》中曾说："钩饵罔罟罾笱之知多，则鱼乱于水矣。""罾"指的是古时候捕鱼用的工具，是用木棍或竹竿做支架的方形渔网。我个人比较倾向于这种说法。

第二种说法则是口误论了。据说当年八国联军侵占天津时，有当地的流氓地痞也趁火打劫，在著名的"天一坊"饭庄蹭吃蹭喝，误将"青虾炸蹦两吃"呼为"罾蹦鱼"，结果被店员纠正后，挂不住面子欲砸店。这时一位有经验的堂头急中生智，跟闹事者说，客官莫恼，小店确有此菜，于是立刻命后厨宰杀了一条大活鲤鱼，去除内脏，留下鱼鳞，以沸油反复淋之，然后浇汁装盘，连闹事者也对此啧啧称奇。

所谓大菜名菜，都是在家庭厨房中很难出品的菜式。罾蹦鲤鱼的复杂程度和对火候的要求都是普通人很难达到的，其特点一是带鳞带骨，二是沸油炸制，全尾夅鳞，脆嫩香美，浇汁后口感大酸大甜，很有天津人的脾气秉性蕴含其间。

　　罾蹦鲤鱼最为难得的是其卖相，非常有气势，盘中鲤鱼昂首摆尾，如在大盘中凫动，鱼身上的鳞甲闪闪发光。鲤鱼不去鳞，带鳞淋油也非常少见，令人称奇，几乎是每桌宴席上的压轴大菜。整鱼装盘，须用超大号的深盘才能装下。鱼形装盘不散，被沸油炸制定形，酱汁浇在鱼身上的瞬间会发出清脆的声响，就算最后吃不了装进一次性饭盒带回家，也能保持两天不塌软。对于吃鱼讨厌鱼刺的人来说，这简直是神一样的菜，因为吃这道鱼不用吐鱼骨，经过油炸后，鱼骨早已酥香浸透，细嚼之下竟如同在吃脆骨般有嚼劲儿。同时鱼骨和鱼鳞在嘴中发出清脆的响声，和鱼肉同吃，肉香混合着骨香、鳞香，口感软中带硬，富有层次，不禁让人食指大动。

　　每次在有规模的饭店点这道菜时，服务员都会非常专业地为在座的客人介绍罾蹦鲤鱼的做法和妙处，然后趁着鱼热气腾腾时用刀叉把整条鱼分解开，因鱼形固定，拆解的过程也须非常用力。好在点此菜的人一天少说也有十几桌，服务员早已训练有素，三下五除二就能把鱼分成几大块，过程中还能听到鱼骨撕裂时的响声，非常适合家庭或朋友聚餐，增添了就餐的气氛。整条鱼量大，一桌十人也绝对够分，主家请客用这道菜非常有面子。津菜讲究以咸鲜为主、酸甜为辅，罾蹦鲤鱼恰好把津菜走红的元素全部融合，可谓集大成者。如果你来天津被朋友用这道菜招待了，不但说明他懂吃，并且待你为上宾，而且你这趟也肯定不虚此行。

从口感和造型上看，醬蹦鲤鱼和松鼠鳜鱼有着相似的地方。松鼠鳜鱼也是喜爱酸甜口的天津人常点的一道菜，却来源于江苏一带，古代的做法是"取肚皮，去骨，拖蛋黄炸黄，作松鼠式。油、酱油烧"。现在的做法基本是将鳜鱼蘸上少许淀粉，放油锅中炸数分钟，再将鱼头蘸上淀粉，放入油锅中炸，炸至呈金黄色捞出，将有花刀的一面朝上摆在鱼盘中，装上鱼头，口感上同样酥脆诱人。但做法上还是传统鱼类的去鳞去骨，鱼肉脆香也完全来自裹粉油炸，我认为没有醬蹦鲤鱼更为大胆创新，后者是鱼鳞和鱼骨的双重冲击带来的惊喜。

地处九河下梢的天津，盛产鱼、虾、蟹、贝等水产品，仅鱼类就有鲤、鲫、鲢、梭、目、鲐等百余种。无论大鱼小鱼都是天津人的桌上常客，鲤鱼做成大菜有着天生的优势，如果它是个人，也算是天生丽质、体态优美吧？鲤鱼鳞有十字纹理，所以名鲤，死后鳞不反白，有从头至尾的胁鳞一道，不论鱼的大小都有三十六鳞，每鳞上有小黑点，是其特色。醬蹦鲤鱼带鳞带骨，所以除了有大量的蛋白质外，还有钙质和动物胶，不但味美还富含营养，被称为名菜可谓当之无愧。

天津人吃罾蹦鲤鱼一般是在举家欢庆的时刻，一家人热热闹闹地在饭店里摆上几桌，有大菜压阵才能吃得尽兴。回想我每次吃罾蹦鲤鱼的时候，都是在各种正式的场合里：有时是老人家过大寿，有时是给孩子过满月、过百天，有时是宴请远方的贵客。总之，无一例外都伴随着隆重场面和欢声笑语，认真回想，这居然还是一道带着感情色彩和美好回忆的佳肴。

在天津，有四大喜事是要大操大办的，除了老人的寿辰和婴儿的百天，还有就是过年和结婚了，我在前三种场合都吃过无数次罾蹦鲤鱼，唯有婚宴上特殊。说来好笑，我从没在别人的婚礼上吃过这道菜，除了我自己结婚的那天。

如果你经常参加婚礼就会知道，后厨一定是繁忙的，因为典礼一过，瓜果梨桃、糖果、瓜子、香烟一撒桌，大家就各就各位等着开席了。天津市内六区的婚礼都是在下午举办，一般会选择 15 点 38 分或者 16 点 18 分这种吉利的时间开始，但几乎不会准时，都会往后延时。在婚礼扎堆的九、十月份，有时还会等待司仪从另一个婚礼现场赶过来。大部分的典礼时间都很长，新人会加入各种小环节，有的还会中式、西式各半场，往往会拖上一两小时，大家都饿得要命，好的饭店必须抓紧时间，无缝对接地开始走菜，不然会遭受嘉宾的各种白眼儿。

现场十几桌甚至几十桌同时开席，拼的就是速度，所以几乎不会出现复杂的菜式，像罾蹦鲤鱼这种需要提前收拾很久、反复用油浇的菜可是拼速度时的大忌，无论是婚宴上的"大包"还是单点，饭店一般都不会同意。

我结婚比较早，毕业没两年就结婚了。本来想旅行结婚，再将亲戚朋友们召在一起吃顿便饭就算了，没想到遭到了家中老人的反对，所以老老实实地举办了婚礼。婚礼定在了天津的老字号红旗饭庄，我父母结婚也是在红旗饭庄开的酒席。

一般的婚宴都是15桌以上，会在大堂开10余桌，辈分比较高的亲戚、单位的大领导会被安排到包间用餐。因为刚刚毕业不久，和大学同学的关系还保持得非常紧密，所以同宿舍的室友、走得近的男女同学都是我当时最为亲密的朋友，有的同学常来我家，和我父母的关系也不错。我结婚的时候大概来了 10 多个大学同学，举行典礼的时候大家都是找个位置随便坐坐方便观礼，婚礼结束后，VIP 的客人会被带去包间，我同学不知被哪个亲戚安排后，也享受了这个待遇。

结婚当天，新娘必须在每桌轮着敬酒顺便收红包，还要马不停蹄地换各种礼服，不管多近的关系也没办法照顾。后来转到了同学这桌，他们聊得正高兴，看到我连忙让我坐下，给我夹了好几筷子嚯蹦鲤鱼，我当时脑子发蒙，完全没理会到怎么会有这道菜。事后，我同学孙刚跟我说，一直听说红旗的嚯蹦鲤鱼做得不错，都满怀希望地等着呢，可是那天一打听，婚宴上是不会有这道菜的，于是大家都很失望。好像是我妈听见了他们的议论，特别嘱咐了服务员一定给这桌上一道嚯蹦鲤鱼，因为只加了一道菜，饭店也同意了这个不算过分的要求，我也有幸唯一一次在婚宴上吃到了嚯蹦鲤鱼。

晋蹦鲤鱼

盘中鲤鱼昂首摆尾，如在大盘中凫动，鱼身上的鳞甲闪闪发光。鲤鱼不去鳞，带鳞淋油也非常少见，令人称奇。

晋蹦鲤鱼 的 做法

食材:活鲤鱼一条、盐、白糖、醋、绍酒、葱丝、姜丝、青红辣椒丝、姜汁、湿淀粉、肉清汤、花椒油、花生油。

1 将鲤鱼去鳃、内脏（黑膜一定去除干净，鱼鳞一定保留）后洗净，贴着鱼身两侧割断软刺，再在大刺中间剁两刀，在头底部劈一刀，使鱼头和鱼腹向两侧敞开。

2 炒锅置于旺火上，多加花生油烧至九成热时，将鱼下锅，在鱼身上反复浇热油，炸至酥脆定型后捞起，鱼背朝上，伏卧盘中。

3 另起炒锅置于旺火上，倒入花生油烧热，将葱丝、姜丝炒香，加白糖、盐、绍酒、姜汁、醋、青红辣椒丝、肉清汤搅拌均匀。汤沸后，用湿淀粉勾芡，淋上花椒油，盛入小碗，与炸鱼一起上桌。食前将汁浇在鱼身上即可食用。

自成一派的酱
统领天津卫的调味大将

　　煮面条的时候可以利用时间准备酱，麻酱兑水一点点地稀释，多加盐调味，因为一碗的滋味全在这里了。而提升麻酱口感的是它的拌面拍档花椒油。炸花椒油需要另起炉灶，把食用油烧热，撒入一小把花椒炸到焦酥，然后把滚烫的油和花椒浇入事前放好酱油的小碗里，"刺啦"一声，油酱混合即可。

　　在《老家味道——舌尖上的乡愁》里的《奶奶味道的老字号》一文中，我曾经提到过我家里的独门绝技——奶奶从石头门槛老店"偷师"回来的素包子。包子的精髓不仅在于十几种原材料的内馅儿，难得的是它由麻酱、腐乳、香油调和出来，自成一派的味觉体系。在我看来，酱才是天津独有的味道。

天津的酱不仅存在于素包子中，也扎根于豆腐脑儿、锅巴菜、煎饼馃子、麻酱面、麻酱烧饼等风味小吃中，是统领天津卫的调味大将。

豆腐脑儿在天津常被称为"老豆腐"，是天津人隔三岔五就要吃一碗的传统早餐品种。据说早年间有首儿歌就是歌颂老豆腐的："要想胖，去开豆腐坊，一天到晚热豆腐脑儿填肚肠。"豆腐脑儿色白软嫩，鲜香可口。近几年有南北"甜""咸"豆腐脑儿之争，如果我来"断案"，豆腐脑儿当然是咸的，甜应该归到豆花那一类，但这不是重点。我们的豆腐脑底色是各家不同的卤，讲究点儿是用木耳、黄花菜、香菇、豆腐丝等材料入锅翻炒，而后加酱油和高汤等勾芡淋入鸡蛋即可，但这还不是重点。盛豆腐脑儿还有讲究，用平勺盛在碗内，碗中间豆腐要像小馒头似的凸出，然后浇卤，卤从豆腐上流向碗的四周。浇完卤后重点才来，一定要浇上用香油化开的芝麻酱，有的还会淋上酱豆腐汁和辣椒油。虽做法不同，但豆腐的鲜嫩和麻酱的醇香却是高度的一致。

锅巴菜在天津叫"嘎巴菜"，其实它也不算菜，是我们每天清晨必不可少的早餐之一。《聊斋志异》的作者蒲松龄在《煎饼赋》中记述过它的做法，并赞其"时霜寒而水冻，佐小啜于凌朝。额涔涔而欲汗，胜金帐之饮羊羔"。锅巴来源于山东，据说是当初一个山东大汉在天津谋生，把家乡的绿豆煎饼切成条状，加入做好的卤汁中，结果风靡至今，变成了天津的特色小吃。把锅巴菜真正发扬光大的是光绪年间的"大福来"，同时也把锅巴菜的传统做法巩固了下来。直至今日，"大福来"还是天津人常去的早点铺，也是吃锅巴菜最先想到的地方。锅巴菜的底色也为卤，但和豆腐脑儿有所差异，主要的一味原料就是香菜根，这也是锅巴菜是否正宗的一个标志。锅巴菜的煎饼和煎饼馃子类似，都是用绿豆面做成，提前做好切成细条备用。吃时，在碗里舀上一大勺卤汁，放入煎饼，根据各家口味，加入腐乳汁、辣椒糊、香干片、芝麻酱和香菜末儿。色形美观，多味混合，清香扑鼻，素淡爽口，卤清不腻。吃的既是锅巴的香嫩有嚼劲儿，又是酱豆腐、麻酱、香菜和谐的融合，虽然是碗便宜的小吃，却让人吃出了层次感。

天津人口重嗜咸，这大概是天津的麻酱、酱豆腐、面酱得以制霸厨房的原因之一。比较有代表性的就是两种天津人的快手面条。最省力的就是麻酱面，当夏季没胃口、懒得做复杂的菜式时，我最常和我爸提议的晚餐就是麻酱面了，其精华当然全在麻酱上，煮面条的时候可以利用时间准备酱，麻酱兑水一点点地稀释，多加盐调味，因为一碗的滋味全在这里了。而提升麻酱口感的是它的拌面拍档花椒油，炸花椒油需要另起炉灶，把食用油烧热，撒入一小把花椒炸到焦酥，然后把滚烫的油和花椒浇入事前放好酱油的小碗里，"刺啦"一声，油酱混合即可。面条煮熟后可过凉水，拌入麻酱和花椒油。大碗中一半面条，一半黄瓜丝，一杯清凉啤酒，这就是夏季天津人的"快意恩仇"。惬意地吐噜一筷子沾满酱料的面条进口，麻酱的厚重咸香首先扑面而来，花椒的醇麻爽口后来者居上，面条油香四溢，实在是不可多得的美味。

　　天津人爱吃面食，对米饭感觉一般，小时候除了包子、饺子和面条，最常吃的就是馒头，就像老外冰箱里常备着吐司和面包一样，我们的冰箱里总有一两个吃剩下的馒头。小时候放学早，到家就饿了，翻遍家里都没什么可吃的，聪明又嘴馋的小孩子们就会把家家必备的麻酱罐子拿出来，用勺子舀两大勺麻酱，加上一大勺绵白糖，把它们搅匀，抹在白面馒头上。白糖和麻酱搭在一起居然产生了一种奇妙的口感，细细品味甚至和巧克力酱或者榛子酱非常相似。这种吃法就是我们天津版的黄油、果酱抹面包吧？还有更奢侈的吃法就是直接吃麻酱和白糖，搅匀了以后放在大碗里，宝贝似的抱着碗，边看《变形金刚》边吃。豪放派一口一大勺大快朵颐；婉约派一点儿一点儿抿着吃，像吃松露巧克力一样，似乎更像是把麻酱和白糖当甜点吃。现在回想起来，真像是吃下午茶。长大后和朋友们聊起来，居然每个天津小孩儿都这么干过。甜咸来去自如，天津酱真是千变万化。

寻味记事

老舍在《四世同堂》里写道:"这种粽子并不十分合北平人的口味,因为馅子里面硬放上火腿或脂油。"不合自己口味,确实是件很难过的事,不能怪别人挑剔。一个人的口味就像是血液和基因,有时候浑然天成,有时候又因为你的身世、过往而定型,一旦巩固下来,一生一世都很难改变。

认识到自己的口味其实是在我怀孕时期。

因为身体原因,我的孕期没有像其他人一样正常上班,甚至健步如飞。怀胎十月,我基本是在家中安胎。八九周的时候,怀孕的剧烈反应接踵而来,最明显也最难受的就是恶心。我闻不了做饭的味道,闻不了油烟味,闻不了肉、鱼的味道。最严重时,连"油"这个字都听不得,听了胃里就翻江倒海,生不如死。

但身体又诚实地给我信号,告诉我:饿了,我饿了,孩子也饿了。于是,我一边饿,一边恶心。常常是对着做好的饭菜默默哭泣,实在是矛盾至极。身边的人也都拿我没办法，大概也觉得极为荒诞吧。

我平日嗜辣，爱吃麻辣香锅、水煮鱼、羊肉串，但孕吐的时候这些东西都变得如此陌生，甚至不敢接近。旁人更是无法揣测我的喜好，我自己也变得不了解自己了，每日和食物为敌，自己和自己较劲儿。

不吃是不行的，我常常因为吃不下但又饿得百爪挠心而从梦中惊醒，有一次翻出来一块不知道谁吃剩下的麻酱饼，居然甘之如饴地全咽下肚。胃里充实了，心情也明朗了，麻酱饼居然救了我一命。以前家里基本没做过麻酱饼，我也就从来不觉得自己有这种饮食习惯，没想到在关键时刻，我找到了食物里的"真爱"。

小时候看《东京爱情故事》，20年过去了，人家记住的是完治和莉香肝肠寸断的爱情，只有我记住的是电视剧里关于吃的台词——

莉香：如果半夜里我告诉你我很寂寞，你会过来陪我吗？

完治：我会飞过去。

莉香：如果我在喜马拉雅山顶打电话，你会来接我吗？

完治：我会去接你。

莉香：你会带热腾腾的黑轮给我吃吗？

完治：我会把整个摊子都带过去。

当时我就心想，黑轮是什么？好吃吗？结婚以后重看《东京爱情故事》，又开始了不着边际的幻想：如果怀孕了，是不是就有人大半夜也能为我买东西吃了？

然而理想和现实总是有差距的。我怀孕的时候居然想吃的是麻酱饼！我是多么想吃一些开车走半个城才能找到的美食啊，这不争气的孕期反应，完全没有让我享受到皇后般的待遇，白天多烙两张饼就解决了。找到解决孕吐的方法，后面的事情就简单了很多，对麻酱烧饼、锅巴菜、水豆腐，我也逐渐适应了，说到底还是喜欢天津酱吧。

对于各地人的口味，有人这么总结：因地区、气候、物产及风俗习惯的不同，江浙人口味偏鲜甜，川湘人口味重麻辣，北方人口味偏咸并嗜葱蒜，闽粤人口味偏清淡。至于喜欢麻酱、酱豆腐、面酱的我，到底是什么口味呢？我还真得仔细想想。

天津的酱

天津的酱不仅存在于素包子中，也扎根于豆腐脑儿、锅巴菜、煎饼馃子、麻酱面、麻酱烧饼等风味小吃中。

锅巴菜 的 做法

食材：绿豆面、玉米面、熏豆腐干、香菜、食用油、香油、葱姜末儿、芝麻酱、白糖、辣椒油、盐、水淀粉、腐乳汁、生抽、高汤、鸡粉、八角。

1   首先制作锅巴。把绿豆面和玉米面放在一起，放水混合均匀制作成面糊。在加热的平底锅里抹一层薄薄的食用油，将混合好的稀面糊倒入锅中摊平，制成很薄的煎饼皮，出锅后晾至半干，切成条状或菱形块状。

2   将熏豆腐干切成小方丁；芝麻酱中加入香油及适量凉开水调匀，再加入腐乳汁、白糖、生抽、熏豆干丁和辣椒油调匀制成芝麻酱汁；香菜洗净切成小段，香菜根留下待用。

3   制作卤汁。在锅里放油烧热，放入八角炸香，还可以放一点儿辣椒段，再加入葱姜末儿、香菜根爆香。此刻放入高汤和生抽、盐，转小火烧开。将汤内的八角、辣椒等捞出，用水淀粉勾芡，最后加入鸡粉，淋几滴香油即成。

4   在碗中放入大勺卤汁，加入锅巴，再淋入芝麻酱汁、辣椒油和香菜即可食用。

豆腐脑儿 的 做法

食材：盒装嫩豆腐、木耳、黄花菜、干香菇、葱、姜、八角、酱油、高汤、鸡蛋、水淀粉、盐、麻酱、豆腐乳汁、辣椒油适量。

1 提前把木耳、黄花菜、干香菇泡发后切丝，葱姜切末儿（泡香菇的水要留着）。

2 炒锅内放少许底油，依次放入葱姜末儿、八角、木耳、黄花菜和香菇炒香，然后加入高汤、泡香菇的水及适量酱油进行熬煮。开锅后加入盐调味，水淀粉勾芡，最后倒入打散的鸡蛋液。

3 将豆腐切片放入碗中，然后浇上一大勺卤汁，再根据喜好加入麻酱汁、豆腐乳汁、辣椒油等，即可食用。

图书在版编目（CIP）数据

老家味道.京津冀卷 / 朱丹著.-- 石家庄：河北
教育出版社，2024.4
ISBN 978-7-5545-8086-8

Ⅰ.①老… Ⅱ.①朱… Ⅲ.①菜谱—华北地区
Ⅳ.① TS972.12

中国国家版本馆 CIP 数据核字（2023）第 175231 号

书　　名　老家味道　京津冀卷
　　　　　LAOJIA WEIDAO JINGJINJI JUAN
著　　者　朱　丹
出 版 人　董素山
总 策 划　贺鹏飞
责任编辑　李　琨
特约编辑　肖　瑶　苏雪莹
绘　　画　申振夏
装帧设计　鹏飞艺术

出　　版　河北出版传媒集团
　　　　　河北教育出版社　http://www.hbep.com
　　　　　（石家庄市联盟路 705 号，050061）
印　　制　北京天恒嘉业印刷有限公司
开　　本　889 mm × 1194 mm　　　1/32
印　　张　7.25
字　　数　128 千字
版　　次　2024 年 4 月第 1 版
印　　次　2024 年 4 月第 1 次印刷
书　　号　ISBN 978-7-5545-8086-8
定　　价　59.80 元